# Joh

## Dran

von

Friedrich Adolph Krummach

Mit einem Titelkupfer.

Leipzig,
bei Georg Joachim Göschen. 1815.

## Dem Leser.

Der Verfasser schrieb seinen Johannes in der Zeit des herrlichen Kampfes, oft mitten im Gewühl der Streiter, die seine Wohnung umgaben.

Der Herr der Heerschaar spannte seinen Bogen,
Und zeichnete den Schlachten ihre Bahn,
Des Zorngerichtes Flammenpfeile flogen,
Und Teutschland zog den Helm und Panzer an.
Ich sah zu schwerem Kampf die dunkeln Wogen
Der Streiter sich aus Ost und Westen nahn. —
Mir aber ward das Schwerdt versagt; in Thränen
Verbarg ich einsam meines Herzens Sehnen.

Und näher rollten über Höh'n und Gründe
Des Krieges Wetter; hoch und höher schwoll
Die Völkerfluth, da brachten Frühlingswinde
Geruch des Todes; Gustavs Stein umquoll
Gefallner Helden Blut — die dumpfen Schlünde
Verkündeten des Kampfes bittern Groll. —
Thuiskons Söhne bluteten und sanken —
Ich bebt' und sah des Richters Wage schwanken.

Das Wetter schwieg — doch herrlicher erhoben
Sich Schwerdt und Lanze zu erneutem Streit.
Furchtbarer rauschte nun des Kampfes Toben. —
Ich rang mit Gott, Sieg und Gerechtigkeit
Erflehend — sieh, es leuchtete von oben
Ein himmlisch Licht in meine Dunkelheit. —
Ich sah hinauf mit zitterndem Entzücken —
Ein Bote Gottes stand vor meinen Blicken.

Ein Lichtgewölk erhellte die Gefilde
Der dunkeln Schlacht — Johannes trat hervor —
Der Heilige voll Kraft und ernster Milde,
Er, den der Herr zum Herold sich erkohr. —
Ich sah sein strahlend Haupt, an seinem Bilde
Erhob mein Geist zum Glauben sich empor. —
Mag auch die Finsterniß das Licht bekriegen;
Dem Lichte muß das Reich der Nacht erliegen. —

Nicht so wie einst an Jordans Felsenstrande,
Ein brennend Licht, er ernst und strafend stand,
Erschien der Herold mir — statt schnöder Bande
Erglänzt' ein Palmenzweig in seiner Hand;
Verkläret war zum strahlenden Gewande
Des Erdenpilgrims hårenes Gewand.
Sein Haupt, das blutend er dem ew'gen Sohne
Geweiht, umschimmerte des Lebens Krone.

Da löste sich mein Zweifelmuth und Grauen,
Wie Morgenroth erglänzte mir das Blut
Der Heldenopfer, und zu frohem Schauen
Erstarkte nun des Glaubens kühner Muth. —
Ich sah des Siegs Panier in Teutschlands Gauen,
Vernichtet schwand der Lüge schnöde Brut. —
Was mir verheißen ward, ist jetzt erfüllet,
Teutonia versühnt, der Kampf gestillet!

O könnt' ich Euch, Ihr Edeln, was mein Leben
Erhob — was mir im Kampfe Trost verliehn —
Des Heil'gen Bild Euch treulich wiedergeben,
Wie es im duft'gen Lichtglanz mir erschien! —
Ach, nehmet statt Vollendung ernstes Streben!
Er und die Zeit — sie machten mich so kühn.
Ich wagte mit dem Gottesmann zu ringen. —
Von oben kommt das Wollen und Vollbringen.

Wer kühn erstrebt des Lichtreichs schroffe Höhen,
Von Blitzgewölk, wie Horebs Spitz', umhüllt,
Dem muß die Welt, die niedre, untergehen;
Aus Kampf und Blut und bangen Nächten quillt
Des Lichtes Sieg, der Friedenspalme Wehen. —
Das lehre Euch des hohen Sehers Bild,
Und über ihm in heil'ger Fern' erscheine
Der Unaussprechliche — der Hehre — Eine!

# J o h a n n e s.

# Personen.

Herodes Antipas, Fürst von Galiläa und Peräa.
Herodes Philippus, dessen Bruder.
Aretas, König von Damaskus.
Malchas, Minister des Antipas.
Pollio, Hauptmann.

| | |
|---|---|
| Hannas,<br>Kaiphas, | Hohepriester zu Jerusalem. |
| Philo,<br>Gamaliel,<br>Simon,<br>Joseph,<br>Nikodemus, | Mitglieder des Sanhedrin. |

Johannes Baptista.

| | |
|---|---|
| Jakobus,<br>Stephanus,<br>Johannes Zibdai,<br>Andreas,<br>Philippus,<br>Bartholomäus, | Freunde und Jünger des Johannes Baptista. |

Marcus, Obertrabant und Kerkermeister des Antipas.

Babas, Rufus, Gideon, Krieger.

Xanthus, ein griechischer Künstler.

Der Hofgärtner.

Benoni, der Blindgeborne.

Dessen Eltern.

Herodias, Gemahlin des Antipas.

Arete, Tochter des Königs von Damask, Antipas verstoßene Gemahlin.

Salome, Tochter der Herodias und des Philippus.

Zilla, deren Erzieherin.

Elisabeth, Gattin des Marcus.

Sulamith, Tochter des Marcus.

Sarah, Amme der Arete.

Weib aus Galiläa.

Bürger. Volk. Essäer. Gallische Leibwache. Soldaten. Boten u. s. w.

---

Der Schauplatz theils zu Machärus und in der Umgegend, theils in Jerusalem, am Jordan u. s. w.

## Erste Handlung.

### Vorsaal des Pallastes zu Machärus.

### Malchas. Pollio.

Malchas.

Du warst zugegen, während man ihn brachte?

Pollio.

Sie hatte mich hinausgesendet.

Malchas.

Wer?

Pollio.

Ei nun, die Königin! so will sie heißen —
Dem Lügenworte sträubt sich meine Zunge.
Viel lieber gäb' ich ihr gerechtern Namen,
Bezeichnend Sinn und That.

Malchas.

O, still, Freund!
Dem Fürstendiener ziemt verschloßner Mund.
Liegt nicht Macháron selbst, die Fürstenburg,

In Fesseln? Täglich fügt zum alten Zwinger
Sich neu Gemäuer; tausend Riegel sperren
Dem Sonnenlicht die freie Bahn, wohin
Das Auge blicket, starren Speer' und Stangen.

Pollio.

Wo das Gewissen sein unsichtbar Schwert
Erhebt, da spannt des Bösen Furcht und Grauen,
Dem Igel gleich, die Stacheln ihm entgegen.
Wer sähe nicht im Auge des Tetrarchen
Mißtraun und Furcht? — Sie selbst, die Enkelin
Des großen — Wüthrichs und sein Ebenbild,
Verhöhnet jedes menschliche Gefühl,
Und führet Antipas in ihren Stricken.
Die Schlang'! o wär' ich fern von dieser Hölle!

Malchas.

Was kümmert Dich der Fürsten Thun und Lassen?

Pollio.

Sind wir denn nicht des Fürsten Hand und Fuß?
Beflecket nicht, wenn er gebeut, auch uns
Der Unschuld Blut? — Der Fürstendiener theilet
Des Herren Sünd' und Fluch. — Nein, das sei ferne!
Ich stamme vom Geschlecht der Asmonäer;
In meinen Adern fließt des Vaters Blut,
Den er, der alte Wütherich, empört,
Daß ihn der Tod vor Gottes Richterstuhl
Zu führen wag', in seiner letzten Stunde
Ermorden ließ, sein Sündenmaß zu füllen.

Malchas.

Ihm gleichet Antipas von ferne nicht.

Pollio.

Bisher nicht. Aber, Freund, wer kann verbürgen,
Daß diese Jesabel, die ihren Ahab
In Fesseln hält, und schon zum Doppelfrevel
An Weib und Bruder listig ihn verleitet,
Nicht ihn, dem Vater gleich, zum Bluthund mache?

Malchas.

O ruhig, Freund! — Mein altes Auge scheut
Den Blick ins Weite. Sage, wenn Du willst,
Wonach zuvor ich Dich befragt; erzähle,
Wie sandte denn die Fürstin Dich dorthin?

Pollio.

Gern hätte sie wohl selbst ihr schnödes Herz
Geletzt an diesem Schauspiel; doch es war
Schon Nacht, als man ihn brachte. Vierzig Reuter
Geleiteten den einen Volksempörer,
(So nennet ihn der Hof und Sanhedrin)
Der insgeheim Judäa aufgewiegelt,
Dem Tempel selbst den Untergang gedroht,
Und was noch sonst elender Menschen Zungen
Ausgeifern, wenn sich Kraft und Unschuld zeigt
In schnöder Zeit, wie jetzt, wo Lug und Trug
Die Welt beherrschend Kron' und Zepter tragen.

Malchas.

Dir also scheint der wundersame Mensch,
Von dem, so sagt man, ganz Judäa redet,
Und der auch hier nicht wenig Sorg' und Grämen
Erweckt, nicht solch ein Schwärmer oder Meuter?

Pollio.

Mein Freund, ich sah manch menschlich Angesicht,
Tyrannen hab' ich in des Auges Weiße
Geblickt, indeß von ihren Fingerspitzen
Das Blut der Unschuld troff; ich sah die Tugend
In Kett' und Banden, die Geduld ihr Haupt
Dem Schwerdte neigen — aber solchen Blick
Voll hoher Kraft und Würde, Malchas, sah ich
Zum erstenmahl —

Malchas.

Was sprach er?

Pollio.

Nichts, er schwieg,
Und schweigend stand auch sein Geleit. Sie traten
Von selbst zur Seit', als ob zu seinem Thron
Ein Kaiser ginge; vor ihm neigten sich
Der Wache Speer' und Schwerdter, überwältigt
Von seines Auges Strahl, und huldigten
Der höheren Gewalt auf seiner Stirne. —
Ein hären Kleid umhüllte seiner Glieder
Kraftvollen Bau, ein Ledergurt umschloß
Die Hüften ihm; so stand er hoch und ruhig,

Ein Gott, der Erde Lust und Lohn verschmähend. —
Aufthat sich nun des Kerkers schwere Pforte —
Mich dünkt', ich sah die Wände selbst sich bücken
Vor solchem Manne. Schweigend trat die Schaar
Zurück — der Kerkermeister, der die Thür
Verschloß, erblaßt', ihm zitterte die Hand.
Wir gingen; keiner sprach auch nur ein Wort.

Malchas.

Und brachtest Du der Fürstin treue Botschaft.

Pollio.

Wie Dir. Ja, hätte selbst des Sklaven Kreuz
Und Folter mich bedroht — ich mußte reden,
Was Aug' und Herz mir zeugten und geboten.

Malchas.

Und wie vernahm sie Dein gewagtes Zeugniß?

Pollio.

Mit kaltem Uebermuth, gefaßt auf alles. —
Um desto schlimmer, sprach sie, wirkt des Meuters
Gewalt und Gunst beim Pöbel, der allein
Das Aeußre sieht, und gern, von Neid erfüllt,
Des Kühnen Frevel lobt, der seine Faust
Nach des Gesalbten Haupt und Krone strecket. —
Es thut ihm wohl, daß solch ein Tausendkünstler,
Ein Enacks Kind und Welt- und Thronenstürmer,
Des Pöbels Sohn und Seinesgleichen sei. —
Das Possenspiel fand sein geziemend Ende

Und morgen ist der Gaukler selbst vergessen. —
So sprach sie höhnend und, das merkt' ich wohl,
Zu neuer Kundschaft wird sie mich nicht senden.

Malchas.

Nimm Dich in Acht!

Pollio.

Ich mache zu dem Feste
Kein festlich Angesicht, es müßte manches
Sich seltsam ändern, Malchas. — Horch, wie lärmt
Trompetenklang. Was ist?

Malchas.

Wahrscheinlich nahen
Willkommne Gäste aus Jerusalem,
Die Hohenpriester. Sehnlich harrt man ihrer.

Pollio.

Damit zur Löwin sich der Fuchs geselle.

Malchas.

Sie selbst gebot, mit lautrer Freud' und Klang,
Und uns, mit tiefrer Ehrfurcht sie zu grüßen.

Pollio.

Zerprallte nur nicht jeder Freudelaut
Am Zwinggemäuer dieser todten Veste,
Und schliche durch die Scharten öder Kerker,
Der Fledermaus und blinden Eulen ähnlich,
Die sich am Tag nach dumpfen Kellern sehnen.

Zu den Vorigen die Hohenpriester
**Hannas** und **Kaiphas**; dann auch **Herodias**.

Malchas.

Uns übertrug des Königs Huld die Ehre
Euch zu empfahn, doch sollen wir der Fürstin
Vermelden, wenn des hohen Sanhedrins
Ehrwürd'ge Häupter sich dem Feste nahen, -
Und ihr geweihter Fuß des Schlosses Schwelle
Berührt. So wagen wir, die Diener, kaum
Euch selbst des Tages frohen Gruß zu bringen,
Der Euer aus der Fürstin Mund' erwartet.

Herodias
tritt ein, auf ihren Wink entfernen sich Malchas und Pollio.

Seid tausendmal willkommen, edle Männer!
Habt Dank, daß Ihr den Freudentag zu krönen
Von Ferne kommt.

Hannas.

Wir sind beschämt, o Fürstin,
Dank zu empfangen, wo wir selber nichts
Als unsers Dankes stillen Opferduft
Für Eure Huld Euch darzubringen haben.

Herodias.

Laßt, edle Väter! Wir sind Eure Schuldner.
Denn nicht allein zum königlichen Feste,

Das nichts so ziert, als frommer Priester Antlitz,
Seid Ihr geladen. — Mehr noch müßt Ihr geben —
Ich sag, Ihr müßt! Denn, wem in solchem Maaße
Von obenher der Weisheit Fülle strömet,
Verbunden mit des Himmels freier Milde, —
Der kann nicht anders, gerne wird er geben
Von seinem Ueberfluß. Wie man zur Quelle,
Der vollen, spricht, sie soll' uns Labung reichen,
So red' ich auch zu Euch mit gleichem Worte,
Als fodert' ich vom Himmel Licht und Klarheit,
Die er von selber giebt, als müßt' er's geben.

Kaiphas.

Wir werden doppelt unsre Reise segnen,
Wenn uns vergönnt wird, Euch Eure Huld
Durch Wort und Rath in etwas zu erwiedern,
Da unsre That und Werke nichts vermögen.

Herodias.

Ihr tragt, ehrwürd'ge Väter, goldne Aepfel
In silbernem Gefäß. — Zu seiner Zeit
Erbitt' ich mir die priesterliche Gabe. —
Ihr kamt vom Jordan; sagt, was hörtet Ihr
Von jenem Schwärmer, der dort tauft und predigt?
Sein Name scheint im Lande weit verbreitet.
Ist's wahr, man sagt, des Volkes Menge ströme
Zu ihm hinaus . .

Kaiphas.

Treff' ihn Jehovahs Fluch!
Der Frevler redet Schand' und Schmach zu allen,

Verschonet nicht des heil'gen Landes Häupter,
Und höhnet Abraham und seinen Segen.
Doch möchte solches ihm hingehn mit anderm,
Und mit Verachtung, wenn er schmäht, ihm lohnen,
Erfrecht' er sich nur nicht, selbst Gott zu lästern.

Herodias.

Und dazu schweigt man? Steht kein Rächer auf
Der Ehre Gottes? Hat Jehovah auch
Nicht einen Freund in Juda?

Hannas.

Edle Fürstin!
Verrauchen muß vorab der trunkne Wahnsinn —
Noch strömt die Meng' hinaus und ehrt den Schwätzer,
Als wär' er ein Elias, ja sie wähnet,
Er sei es selbst, vom Tod' erstanden woll' er
Das Land befrein, bald komm' auch der Messias,
Den er verkündet. Deßhalb konnte noch,
Und wollt' ihn auch bis jetzt der hohe Rath,
Gewohnt zuvor die Milde zu versuchen,
Und auf dem sichern Pfad zum Ziele schreitend,
Nicht zur verdienten Strafe ziehn; indeß
Nicht lange währt's, sein Maaß ist voll —

Herodias.

Ihr sprecht
Prophetisch! Freunde, seht, es ist erfüllt,
Zum Theil erfüllt, was Ihr weissagend redet.
Der Schwärmer sitzt im Kerker zu Macharon.

Kaiphas.

Gelobt sei Gott! was Männer nicht vermochten
Vollführt sein Rath durch auserwählte Weiber.
Fürwahr hier waltet Jaels Geist und Esthers.

Herodias.

Ehrwürd'ge Väter, groß ist meine Freude,
Seit Ihr sie theilt; Ihr wißt gerecht zu richten.

Hannas.

Gern reichen wir der stillen Kraft und Weisheit
Den wohlverdienten Preis, und fassen kaum
Wie es Euch möglich war, solch großes Werk
So schnell und insgeheim . . .

Herodias.

Verzeihet, Freunde!
Nicht mir, dem Könige gebührt die Ehre.
So darf ich desto freier Eures Beifalls
Mich freun.

Hannas.

Hier lobet schon das Werk den Meister. —
Dem Jordan gleich, wenn Regenbäch' ihn schwellen,
Erhob sich jenes Menschen Gunst und Kühnheit
Stets höher. Angestaunt vom dummen Pöbel
Schwang er in einer Hand das Beil, die Ceder
Des Heiligthums zu fällen, mit der andern
Zeigt' er dem Schwarm ein neues Himmelreich;
Ein größrer, sprach er, komm' und werd' es bauen —

Wie harrte schon das Volk auf Man und Wachteln!
Wie werden nun die Sprachen sich verwirren!
In Schutt und Trümmern liegt das luft'ge Babel!

Kaiphas.

Und er der Held und Gottesmann in Fesseln!

Herodias.

In Fesseln nicht! Denn seltsam, edle Freunde,
Der König, der den kühnen Volksempörer —
Und hat wohl je ein frecherer Judäa
Bedroht? — ergreifen ließ mit Kraft und Klugheit,
Erweiset dem Gefangnen nicht bloß Schonung,
Dieß ließ ich gelten; denn ein weiches Herz,
Wie Antipas', will bei gerechtem Ernst
Sich dennoch kund thun, gleichwie sanftes Oel
Selbst in der Brandung oben schwimmet. — Allein
Er ehrt und achtet ihn, als ob die Unschuld
Und Wahrheit selbst im Kerker leibhaft wohnten,
Als wär's ein Daniel im Löwenparke,
Ein Jeremias im Gefängniß, oder
Der Männer einer, die im Feuerofen,
Wie Gold geläutert, herrlicher noch strahlten.

Hannas.

Ist's möglich, was wir hören?

Herodias.

Er gebot,
Es solle kein Trabant ihn zu berühren,
Viel minder Band' ihm anzulegen wagen,

Als wär' sein Leib ein heiliger Elisas,
Vor dem das Eisen seiner Kraft und Schwere
Vergaß —

Kaiphas.

So könnt' er leicht der Haft entrinnen,
Und alles wär' umsonst.

Hannas.

Viel schlimmer noch
Als je! dann wird der Pöbel ihn verehren,
Wie einen Moseh, den aus Wasserfluthen
Jehovahs Rechte zog, und wie Elias,
Den Raben speisten. Seht des Herren Arm!
So wird man schrein, er schützt die Seinen, sendet
Dem Frommen seinen Engel, daß sein Fuß
An keinen Stein sich stoße . .

Herodias.

Freund' und Väter,
Ihr redet weis' und ganz aus meinem Herzen.
Doch hört noch mehr, bevor wir uns berathen
Und fest beschließen, was dem Vaterland'
Und Volk gedeihe. Darum hab' ich Euch
Berufen, edle Männer, deren Brust
Das Urim ziert, Jehovahs heilig Zeichen.

Hannas.

Wir tragen's nicht umsonst. Vor seinem Glanz
Versanken Korahs und Abirams Rotten.
Des hohen Himmels Urim, Gottes Sonne

Erschleußt nicht nur die zarte Blüthenknospe,
Sie wecket auch des Schwerdtes Blitz und Glänzen.
Sie hebt den Thau empor und läßt ihn fallen,
Daß Hermon grün' und dufte, aber auch
Die finstern Dünste ziehet sie gen Himmel
Und bildet draus des Wetters schwarz Gezelt,
Vor welchem sich die hohen Cedern neigen. —
Ihr gleichet Arons Schild; des Herren Priester,
Selbst ohne Schwerdt, erweckt und ruft den Cherub.

Herodias.

O Preis und Dank Euch, edle heil'ge Väter!
Mir ist bei Eurer Rede, gleich als säh' ich
Euch aus des Tempels schauerlichem Dunkel,
Dem nur der Gottgeweihte naht, hervorgehn,
Und um Euch her die heil'ge Flamme wallen.
Wie könnt' ich Euch das mindeste verhehlen,
Was mich beengt? — So leg' ich denn getrost
Mein und des Königs und des Landes Schicksal
In Euren Schooß. Vernehmet! seit der Schwärmer
Verhaftet ward, beherrschet Antipas
Ein böser Geist des Unmuths und des Trübsinns —
Oft irrt er unstätt durch des Pallasts Kammern,
Dann ruht er wieder, in sich selbst verloren,
Sein Auge starrt, in schweren Seufzern flieht
Der Odem seiner Brust. — Besäß' ich Davids Kunst
Des Unmuths bösen Geist ihm zu verscheuchen!

Kaiphas.

Und seinen Speer den rechten Weg zu leiten!

Herodias.

Solch ein Gemüth bedarf der Leitung; zwar
Erkennt der König leicht den Weg der Weisheit;
Doch wenn es gilt, ihn selber sich zu bahnen
Und muthig durchs Gewühl zum Ziel zu schreiten,
So sinnet er, ob etwa auch sein Fuß
Hier einen Wurm, dort einen Halm zertrete. —
So ist sein Herz. Nun gar des Schwärmers Blut — —
Es würde, denkt er, laut zum Himmel schreien.

Hannas.

Ein König muß sich selbst zuletzt bedenken.
Und wär' auch jener stolze Priestersohn
Unschuldig wie das Licht, doch ist es besser,
Ein Mensch verderbe, denn das ganze Volk.

Herodias.

Mein Herz sagt Ja und Amen! — Daß nun königlich
Der König handle, dazu soll des Festes
Erwünschte Wiederkehr mit Eurem Beistand,
So hoff' ich, edle Männer, heilsam wirken. —
Jetzt, Freunde, kommt und rastet von des Weges
Beschwerde, bis — denn keinem überließe
Mein Herz dieß Amt, ich selbst Euch zu ihm führe.

Alle ab.

## Haus des Kerkermeisters Marcus.

Marcus hereintretend. Elisabeth nähend.

Marcus.

Nein, solch ein Widerspruch und seltsam Treiben
Ist mir in meinem Kerkermeister-Leben
Nicht vorgekommen . .

Elisabeth.

Ach, gewiß nichts Gutes!
Wozu solch heimlich Flüstern und Betrieb
Auf rechtem Wege? —

Marcus.

Er, der Herr gebeut,
Den Fremdling nicht in harten Zwang zu legen,
Und sie läßt heimlich warnen, nie das Auge
Von ihm zu wenden, droht mit Schmach und Strafe,
Entkäm' er, und verspricht mir Gold und Gnade,
Wenn ich ihn streng in Haft und Wahrsam halte . . .
Was ist zu thun? —

Elisabeth.

Dir, hoff' ich, wird Dein Herz
Das Beste rathen . .

Marcus.

Still! — ich weiß es schon.
Sind Mann und Weib nicht gleich wie Tag und Nacht?
So will ich ihm am Tage treu gehorchen,
Und ihr bei Nacht — — er liege dann in Fesseln!

Elisabeth.

Das wolle Gott verhüten! Nur der Herr
Hat zu befehlen, Marcus, — nicht das Weib.

Marcus.

Ha! hiemit sprichst Du Dir Dein eignes Urtheil.
So bleibe fern von mir mit Deiner Weisheit!
Ich bin des Kerkers Wächter; der Gefangnen
Schuld oder Unschuld ist nicht meine Sache.
Ich schließe, was man zu mir führt, es sei
Ein Engel oder Teufel, gilt mir gleich.
Das mögen sie, die Großen, selbst verfechten! —
Ists denn des Eisens Schuld, ob man es bilde
Zu Pflug und Karst, die heilsam Früchte ziehn,
Und ob zum Schwerdt und Dolch des Bösewichts,
Zur rost'gen Schelle oder schweren Fessel?
Ich bin ein eisern Werkzeug in der Hand
Der Obrigkeit, und diese ist mein Gott.

Elisabeth.

Ist auch Dein Amt ein eisernes, so sei
Dein Herz ein menschlich Herz. Es bleibe weich
Wie Gott es schuf, das Eisen schuf er hart.

Marcus.

Vernahmst Du nicht, was mir der Bote sagte?
Klang nicht das Wörtlein Gold Dir wie Musik
Ins Ohr? — Sieh, hier empfing ich schon
Ein halbes Dutzend röm'scher Kaiserköpfe!
Die glänzen schöner, als das schwarze Eisen.

Elisabeth.

Ach, wäre doch das schnöde Gold nicht dein!
Es deucht mir Blutgeld! Wahrlich, unsre Hütte
Wird dadurch uns nicht heller. Haben wir
Denn Noth und Mangel? — O, und hätten wir's,
Dann soll zur Noth nicht auch die Schuld uns drücken.

Marcus.

Verweigr' ich's, sieh, dann bringet mich ihr Zorn
Um Amt und Brod . .

Elisabeth.

O, Lieber, fürchte nichts!
Der reine Silberling, den Sulamiths
Und meine Nadel Dir erwirbt, soll schöner
Dir glänzen als Dein Sündengeld —

Marcus.

Nein — schweig!
Was kümmert's Dich? — Es ist nicht Deines Amtes —
Ich bin der Fürstin Knecht . .

Elisabeth.

Sie ist nicht Fürstin! —
Arete ist's! — Ein schändlich Weib ist sie,
Die ihren Mann verließ. Die Falsch' ist schuld,
Daß Antipas das edle Weib verstieß.
Sie hält den König jetzt in ihren Stricken,
Und führet ihn zur Schlachtbank. Mit der Zunge
Giftvollem Pfeil hat sie sein Herz gespalten.
Der Weg der Buhlerin ist Weg zur Hölle,
Wo man hinunterfährt in des Verderbens
Abgrund. — O richte selbst! Sprich, war Arete
Nicht gegen sie ein Edelstein zum Kiesel?
Ein Engel Gottes, und Asmodi's jene? —
Das fühlt der König selbst, deßhalb gebot
Er Dir, den Fremdling schonend zu behandeln.
Ihn nagt der gift'ge Zahn der ersten Schuld;
So wird's ihm schwer, die zweite zu vollbringen. —

Marcus.

Sag', warum nimmst Du Dich mit solchem Eifer
Des Fremdlings an?

Elisabeth.

O, zitterte Dir nicht
Die Hand, als Du den Kerker hinter ihm
Verschlossest? Schlug Dir nicht das Herz? — Was war das?
Ach, Lieber, gieb der Wahrheit doch die Ehre!
Es war nicht Menschenfurcht; nein, Furcht des Herrn.
Sie ist der Weisheit Anfang. Darum halte

Den Anfang fest, so wirst Du klüglich fahren.
Vertraue Gott, er wird Dich herrlich schirmen!

Marcus.

Wer ist er denn? Von wannen mag er kommen?

Elisabeth.

Das weiß ich nicht; die Zeit wird's offenbaren.
Nach seiner Mien' und würdevollem Wesen
Ist er ein Königs = oder Priestersohn.

---

Sulamith tritt ein.

---

Sulamith.

Jetzt, Mutter, weiß ich auch des Mannes Namen.

Elisabeth.

Nun denn, mein Kind?

Sulamith.

Ein Krieger sagt' es mir,
Der ihn begleitet von des Jordans Ufern
Mit vierzig andern. Denn es war, so sagt er,
Ein schwer, gefährlich Werk, den Wundermann,
Des Volkes Liebling fahn und fortzuführen.
Johannes heißt sein Name, vom Gebirge
Stammt sein Geschlecht aus Arons edlem Saamen.

Elisabeth.

Johannes! Helf uns Gott! Ist er's? Man sagt
Er sei Prophet. Ich glaub' es. Ist sein Wesen
Nicht wie Elias, und voll Würd' und Demuth,
Wie eines Mannes, der, von Gott gesalbt,
In Gottes Nähe lebt . .

Sulamith.

Ja, manche, sagte
Der Krieger, halten ihn für den Verheiß'nen,
Der kommen soll. Dagegen zürn' ihm, sagt' er,
Der hohe Rath, weil er freimüthig redet
Und ohne Scheu, was ihm der Geist gezeuget.

Elisabeth.

Das glaub' ich wohl. Hat man nicht immerdar
Die heil'gen Männer hart verfolgt, die Seher
Gesteinigt und mit Zacharias Blut
Den Tempel und des Altars Marmorstufen
Gefärbt? — Die Wahrheit findet selten Wohnung;
Sie geht umher und jammert auf den Gassen.
Doch Abels Blut — es schreit zu Gott um Rache,
Und Kain irrt, das Zeichen auf der Stirn. — —
Sahst Du ihn selbst, o Sulamith? Erzähle.

Sulamith.

Ja, Mutter; hat er doch mit mir geredet.

Elisabeth.

Mit Dir! Was sagt' er denn?

Sulamith.

Als ich den Vater
Nach Hause rief zum königlichen Boten,
Da sah ich ihn; der Vater ging, ich blieb
Im Kerker. Konnt' ich doch den Mann nicht lassen;
Warum, das weiß ich nicht; da las ich nun
Des Heu und Mooses rings verstreute Flocken
Zusammen auf des Lagers wüsten Haufen,
Der Männer Werk, es ordnend. Sieh, da fragt' er
Mich freundlich, wer ich sei, und wie mein Name.
Ich heiße Sulamith! antwortet' ich, da sprach er:
Dein Nam' ist sanft und lieblich, wie dein Wesen.
Du pflegtest wohl schon öfter der Gefangnen?
Ich sagte drauf, gern möcht' ich dafür sorgen,
Daß weich und trocken sei ihr einsam Lager.
Denn dieß versäumen, also spricht die Mutter,
Die Männer oft, die solches wenig kümmert. —
Da fragt' er: Sandte dich die Mutter? — Ja
Antwortet' ich, den Vater heimzuholen.
Sie selbst ist krank und duldet viele Schmerzen.
Drauf fragt' er mich: wie heißet deine Mutter?
Ich sagt': Elisabeth. Da sprach er: Bring' ihr
Des Fremden Gruß! und sank in stilles Denken,
Als ob er Dich gekannt.

Elisabeth.

Ach nein, wie sollt' er?
Er ist ein Leidender; das hat mir ihn
Befreundet, auch erinnert' ihn vielleicht
Mein Nam' an einen theuren. — Gott verhüte,

Daß jemals Du an diesen Gottgesalbten,
Gerechten Deine Hand, o Marcus, legest.

Marcus.

Fast brennt mir selbst das Gold in meinen Händen. —
Was soll ich thun? — Muß ich denn nicht gehorchen?

Elisabeth.

Sei Gottes Freund und nicht der Sünde Knecht!
Ein Narr ist, wer auf Fürsten sich verläßt.
Gieb her das Blutgeld, daß ich's dahin lege,
Wo nicht sein Glanz die Augen mag bethören,
Bis es von selber seinen Weg sich findet.

Marcus giebt das Gold und geht ab. Elisabeth für sich.

Gott wird uns ja vor solcher Schuld bewahren!

Indem sie das Gold weglegt.

Nein, niemals soll des falschen Erzes Schimmer
Des innern Friedens Kleinod uns entreißen!

Sulamith.

O Mutter, wär' er frei! — Ich sah noch nie
Solch edles Haupt und solcher Augen Klarheit,
Die ernst und freundlich durch die krausen Wolken
Des dunkeln Haars, wie helle Sterne, leuchten,
Und nie durchdrang mich so der Rede Kraft,
Als von des Mannes Lippen sie mir tönte.
Wie mag ein solcher Mann in Bande kommen?

Elisabeth.

Lag Joseph nicht im dumpfen Kerker, weil er
Göttlich gesinnt des Weibes Lust verschmähte?

Und mußte nicht des frommen Naboths Haupt
Vor Jesabel, der schnöden Fürstin, fallen?

Sulamith.

Doch Joseph ward, erlöst von seinen Banden,
Aegyptens und des fernen Volkes Retter,
Und strahlt' ein Edelstein auf Memphis Throne.

Elisabeth.

Nun, Gotteswege sind nicht Menschenwege! —
Wer kommt? Wie? Gideon? Fürwahr, er selbst!

---

Gideon. Die Vorigen.

---

Gideon.

Seid mir gegrüßt, o Sulamith und Mutter!
Gottlob Ihr lebt! Habt Ihr mein gedacht?

Elisabeth.

Sei uns gegrüßt! Von wannen kommst, was bringst Du?

Gideon.

Ich komme von Damask und bringe Krieg.

Elisabeth.

Woher denn Krieg?

Gideon.

Der Fürst Arabiens,
Aretas, fühlt von unserm Herrn sich tief

Gekränkt in seiner Tochter. Auch Philippus
War, sagt man, in Damask, er, dem der König
Sein Weib geraubt — vielmehr, ihn raubte sie —
Die Fürsten schwuren, spricht man, nicht zu ruhn,
Bevor sie nicht Machärus und die Vesten
Erkämpfet und dem Salzmeer gleich gemacht,
Wo Sodom und Gomorrha tief versenkt
In ew'gem Tode ruhn.

Elisabeth.

Wohl kann's gelingen.
Die Veste, wo man Gott, Gesetz und Recht
Verhöhnet, steht auf schlechtem Grund! obgleich
Auf hartem Fels erbaut. — Und wirst auch Du
Dein Blut verspritzen für des Königs Schmach?

Gideon.

Verhüt' es Gott! — Ich war mit ihm zu Rom,
Da sah ich seine Schande, wie er kroch
Vor jedem Höfling an des Pallasts Schwelle, —
Wie er sich krümmt' und schmiegte, um zur Höle
Des alten Wolfsgezüchtes zu gelangen.
Ich war deß Zeuge, wie er vor dem Thron
Des Weltenräubers in den Staub sich warf,
Und seinen Speichel leckte — ja, er nannte
Den finstern Heidendrachen seinen Gott,
Und hing an seines Auges trübem Blick,
Als ob des Sünders Haupt ein Strahlenkranz
Wie Moses Angesicht umflöß', und als wir,
Gesättigt von des Hofes eitelm Dunst

Heimkehrten und Philippus ihn, den Bruder,
Und uns mit Freud' empfing, als wären wir
Jehovahs Boten, die nach Mamre kamen,
Philippus Abraham — — Da stahl ihm Antipas
Sein Weib und Kind — —

### Elisabeth.

O Schmach und Schande!
Wenn so von obenher das Laster winkt,
Geschmückt mit Kron' und Zepter, ist's zu wundern,
Daß rings ein Heer von Sündenknechten kriecht,
Und überall das süße Licht vergiftet? —
Nie hoffe meiner Tochter Herz und Hand,
Wenn Du für diese Schmach Dein Schwerdt entblößest! —
Fielst Du in solchem Kampf, so müßten Weib
Und Kinder sprechen: Ihm ist recht geschehn!
Und jede Thräne würd' ihr Angesicht
Entweihn —

### Gideon.

O, Mutter, sorgt und fürchtet nicht!
Ich war zu Hebron, wo mein Vater wohnet.
Er sprach: Verlaß des Sündenknechtes Dienst,
Damit nicht Dich und mich der Fluch ereile,
Der auf des Sünders Bahn und vor der Thüre
Des Frevlers lauernd, oft auch den ergreift,
Der ihm sich nahet. Sohn, verlaß das Schwerdt!
Es ist des Unrechts und des Unheils Waffe.
Nicht mehr für Heerd, Altar und Freiheit steht
Der Mann; vorüber ist die Zeit der Väter!

Weil sie nicht Gott gehorchten, hat sie Gott
In Menschenhand gegeben. Einem frohnt
Die Welt; des Einen Knecht ist Antipas.
Willst du denn ferner noch des Knechtes Knecht seyn?—
So sprach mein alter Vater; nicht umsonst!
Ich komme jetzt, dem Dienste zu entsagen,
Wozu der Jugend Uebermuth mich lockte.
Deß bin ich übersatt — ich sah die Welt,
Rom und Jerusalem. Es sind zwei Lachen,
Von Stein, wie Sodom und Gomorrha waren.
Wie aus dem todten Meere, steigt aus ihnen
Ein gift'ger Nebel auf. Was jene sind,
Erwartet diese . .

Elisabeth.

Sohn, so lieb' ich Dich!
Sieh Dich nicht um! Gedenk des Weibes Loth!

Gideon.

Um Hebron wehet frische, reine Luft,
Die Thäler blühn und duften; Oel und Wein
Bekränzt die Höh'n, unschuld'ge Heerden ziehen,
Wie Silberwolken um den reinen Mond,
Um meiner Väter unentweihtes Haus
Und friedliches Gehöft, wo Abraham
Des Herren Antlitz sah und seinen Seegen
Dem Lande ließ. Dahin, o Sulamith,
Geleit' ich Dich. Gebt, Mutter, mir die Hand
Der hochgeliebten Braut . .

Sulamith.

Noch nicht, mein Gideon!
So lange noch des heil'gen Mannes Unschuld
Im Kerker wohnt, gedenket meine Seele
Der Liebe nicht, der Freud' und Hochzeit nicht.
Sei Du denn Mann und Held, mein Gideon . . .

Soldat tritt herein. Zu Gideon:

Ich suchte Dich. Der Hauptmann harrt, und schmähet
Dein Zögern. Komm!

Gideon.

Lebt wohl! ich seh' Euch wieder.

Ab. Sulamith begleitet ihn hinaus.

Elisabeth allein.

So fällt vom faulen Stamme Blatt auf Blatt,
Bis kahl und dürr er steht, des Wanderers
Gespött und Fluch. Dann stürzet ihn die Axt.
Der Fromme grünt und blühet wie ein Baum
Am Bach und bringt die Frucht zu seiner Zeit. —

### Vorsaal des Pallastes.

Antipas. Weib. Diener.

Diener.

Ein Weib in Trauerkleidern vom Gebirg'
Erfleht des Königs Angesicht zu sehn,
Die Mutter des gefangnen Barchomas,
Der mit dem tollen Schwarm von Nazareth
Das Schwerdt ergriff und selbst ergriffen ward.
Wahrscheinlich hat des Felsenkerkers Luft
Ihn abgekühlt; er sitzt seit einem Jahre.

Antipas.

Laß sie herein! Diener ab. — Es ist ein Feiertag —
Ein Freudentag! — Die Freud' erweicht das Herz. —
Doch ist's, als stockte jede Röhr' in mir,
Wodurch ihr Hauch zum Kern des Herzens dringt — —
Als drückt' ein schwerer Grabesdunst sie nieder,
Sobald sie aufwärts strebt! — Wie räum' ich, was
Sie hemmt? Wer schaffet mir die Adern rein,
Die Seele klar und hell? — — Wohlthätigkeit
Bedeckt, so sagt die Schrift, der Sünden Menge . .

Weib kniet.

Heil Dir, mein Herr und König, Heil und Segen . . .

Antipas.

Steh auf! ich bin ein Mensch, wie Du; nicht mir,
Jehovah nur gebühret diese Ehre.

Weib.

Vor ihm, ach, hab' ich schon geknie't am Grabe
Des theuren Gatten, und mit tausend Thränen
Ihn angefleht, daß ich vor Deinen Augen
Gnad' und Erbarmung heute finden möchte.
Ihn nahm mir Gott, fünf arme Waisen jammern
Im öden Haus' — o gieb mir ihn zurück!
An meines Herrn und Königs Wink und Gnade
Hängt unser Heil —

Antipas.

Wie kann ich Dir ersetzen,
Was Euch der Tod geraubt?

Weib.

Durch meinen Sohn! —
Verführung hat sein junges Herz bestrickt,
Das, weich wie Wachs, des schnellen Blutes Hitze
Nur weicher macht'. Ein wilder Bubenschwarm
Hat ihn gelockt auf Wege des Verderbens.
Er ließ den Pflug, ergriff bethört das Schwert,
Das nur zu leicht den Wahn des Jünglings reizet,
Und schrie, Betrunknem gleich, ins wilde Rufen
Der tollen Meng' auf Galiläas Höhen:
Der Schilo kommt! — Er rief es andern nach — —
Das dunkle Wort entflammet leicht die Jugend —

Bald traf gerechter Lohn die kindischwilden
Empörer. Ach, auch meinen Sohn bewahrt
Seitdem ein Kerker, wo er dreizehn Monde
Die That bereut.

Antipas.

Bist dessen Du gewiß?
Zu oft bereut der Mensch die Folge nur
Der Thorheit. Kaum hat jene aufgehört,
So lebt der alte Sinn von neuem auf,
Und ärger wird der Rückfall als die Krankheit.

Weib.

Ach nein, mein König, bitterlich beweinet
Er seine That und rechnet selbst den Tod
Des Vaters sich zur Schuld. — Gern wird er nun
Im Schweiß des Angesichts sein Erbe bauen,
Und uns ernähren. Nur dem Müssiggang
Erwächst die Schwärmerei. Ihn wird das Bild
Der ersten Schuld zu stiller Arbeit mahnen.
Mein Gut und Leben setz' ich selbst zum Pfande.
O laß auch mir die Freudensonne scheinen,
Die meines Königs Feiertag erleuchtet!

Antipas.

Wohlan! Dir sei Dein Sohn zurückgegeben!

Weib.

O möge Gott Dir solche Gnade lohnen,
Und Heil und Segen tausendfach verleihen,
Mein Herr und König, Dir und Deinem Hause! Ab.

Antipas allein.

Wohlthun! — Was ist's? — Uns selber thun wir wohl;
Ein Kitzel ist es, den wir selbst uns schaffen.
Gerecht seyn — das heißt mehr! Was kostet mir
Die Großmuth? — Seufzt Johannes nicht in Banden?
Weil er gewagt, das freie Wort zu reden! —
Ein freies Wort! — o könnt' ich, diese Hand
Auf's Herz, den Blick gen Himmel, muthig sagen:
Es ist nicht wahr! Du lügest! — Was ist Wahrheit? —
Gerechtigkeit? — Gespenster, die der Mensch
Sich selbst zu eigner Qual und Zwang erschuf. — —
Soll vor des Fremdlings härenem Gewand
Sich eines Fürsten Kron' und Purpur neigen? —
O Schmach! Wie würde Roma meiner spotten?
Und bin ich nicht ein Römer? — — Nur ein Wink,
So fällt sein Haupt und Wort! — Sein Wort? — —
O Täuschung!
Nur fester stünd' es dann mit Blut besiegelt,
Und banger tönte mir des Todten Ruf,
Wie Geisterstimmen zwischen öden Grüften — —
Wie werd' ich seiner los — des kühnen Richters!
Läg' er nur nicht in Banden auf Machäron! —
Vergessen wär' er längst, sein Wort verweht —
Kann ich ihn nicht, wie Barchomas, entlassen? — —
Hätt' er nur mich und nicht auch sie beleidigt —
Herodias wird nimmer ihm vergeben.
O nähm' er selbst sein Wort zurück und bäte
Um Freiheit —! Eher wird sich Karmel neigen! —
Bei Gott, mich plagt der Mensch, wie mein Gewissen —
Ich haff' ihn, wie die Pest, und muß ihn ehren. — —

Nur eins noch! Er entfliehe! — Man genießt
Des Fest's, vergißt Gefangnen, Kerker, Wache,
Er geht, wohin er will, so nimmt er selbst
Sein Wort zurück, und mir die Qual und Sorgen!

Knabe tritt herein.

Der Kerkermeister, wie mein Herr befohlen.

Antipas.

Führ' ihn herein.

Knabe ab.

---

## Antipas und Marcus.

---

Antipas.

Was macht denn Dein Gefangner?

Marcus.

Ich fand ihn still und, also schien es, betend.

Antipas.

Beschwert er sich, wie wohl Gefangne pflegen,
Es sei Gewalt und Unrecht ihm geschehn?

Marcus.

Nie hört' ich eine Klag' aus seinem Munde.
Ich treff' ihn heiter stets, als ob sein Kerker
Ein Pallast wär'.

Antipas.

Ach! macht' ein Pallast heiter! Vor sich.
Vernimm! ich will, daß meines Ehrentages
Auch der Gefangne sich erfreue; führ' ihn,
Du weißt wohl, ins Gemach der andern Seite,
Allwo Gefangne höherer Geburt
Den kleinen Fehler büßen, und entferne
Was ähnlich sieht der eisernen Bewachung!

Marcus.

Mein König wolle seinem Knecht nicht zürnen!
Wenn aber der Gefangne nun der Huld
Mißbraucht . . .

Antipas.

Befolge mein Gebot! er wird nicht
Entfliehn, und thät' er's auch — mein ist die Sorge.

Marcus.

Mein Herr und König hör' in Huld und Gnade
Des Dieners Wort. Mir hat die Königin
Geboten, streng ihn zu bewachen — —

Antipas.

Thue
Nach meinem Wort, im Stillen ohne Aufsehn,
Und wer Dich frägt, dem sag': er ist in gutem
Verwahrsam! — Gut bewahrt — das soll er seyn,
Verstehst Du, Marcus, wie und was ich meine?

Marcus.

Darf ich vielleicht auch seine Freund' — es waren
Drei oder vier, die gerne zu ihm wollten,
Bescheidne, stille Jünglinge, so schien es,
Doch wies ich sie zurück — wohl zu ihm lassen?

Antipas.

Du darfst.

Marcus.

Ach, meines Königs Gnad' und Huld
Ist groß, doch ihrer nicht unwürdig scheinet
Der Mann ...

Antipas.

Wie meinest Du?

Marcus.

Er ist ein Mensch
Besondrer Art vor anderen Gefangnen,
Und eigen dünkte mir des Mannes Wesen,
Vor allem heut', als ich ihn beten sah. —
Ich nenn' es so; er blickte durchs Gegitter,
Wo man ein Streifchen Himmels überschaut,
Als säh' er in des Himmels Grund und Tiefe,
Und säh', ich weiß nicht was — das nenn' ich beten.
Ich selbst versteh' es nicht, doch wer's vermag,
Dem gönn' ich's gern und will es ihm nicht wehren.

Antipas.

Und warum betest Du denn selbst nicht, Marcus?

Marcus.

Ich hab's verlernt in meinen Kriegesjahren.
Da gilt man sich ein Gott, dem Feind' ein Teufel.
So überließ ich's Beten meinen Weibern;
Trug ich zuvor des Krieges blut'ge Waffen,
So führ' ich jetzt die Schlüssel zu der Hölle.

Antipas.

Nun geh nur, Alter! Dem Gefangnen sei
Kein Satan, sondern wie gesagt, ein Engel

Ab.

Marcus.

Wie hat so seltsam sich sein Herz verwandelt!' —
Nur noch ein Schritt, so ist die Unschuld frei. —
Allein das Weib, das schlaue böse Weib! — —
Da sitz' ich selbst nun zwischen Feu'r und Wasser.
Ein zweites Wunder mag den Knoten lösen!

Ab.

Zimmer im Pallast.

Salome und Zilla.

Salome.

O sprich, wo ist mein Vater denn?

Zilla.

Was Vater!
Hier hast Du ja die Mutter, und Dein Vater
Will er, der König seyn. So freue Dich
Des Tausches, Salome die Königstochter! —
Sieh, diesen Schmuck bereit' ich heute Dir.
Wie wird die Perlenschnur Dein Rabenhaar,
Und Deinen Hals — wie wird dieß Diadem
Mit seinem Diamantengurt Dein Haupt
Umstrahlen! Alle neigen sich vor Dir . . .

Salome.

Das mag ich nicht, daß jemand mir sich neige.
In meines Vaters Hause liebte mich
Ein jeder, und ich hatte dort Gespielen
So gut wie ich; da war das Palmenwäldchen,
Der klare Quell, des Hügels grünes Haupt
Viel schöner als der Mauren dumpfer Zwinger,
Der uns umschließt. Hier ist nur Kunst und Pracht,
Und alles lebt und reget sich nach Vorschrift

Und kaltem Hofgesetz. Will man ins Freie,
So klirren Riegel, schwere Thore knarren,
Als thäte sich das Reich der Todten auf.
Nein, Niemand soll vor meinem Schmuck sich neigen,
Viel lieber möcht' ich mich mit Blumen schmücken.

Zilla.

Ei, liebes Kind, ich meine nur, sie wollen
Dir Freude machen. Liebst Du doch die Freude,
Wie sonst, den raschen Tanz, das frohe Lied.

Salome.

Ja wohl, doch lieber frei und ungezwungen,
Als hier im engen Schloß. Auch ist's mir immer,
Als fehlte mir mein Vater.

Zilla.

Ach, der Vater!
Was ist das denn, ein Vater? Jeder Mensch,
Der mich so liebt, als Vater, Mutter, Bruder,
Ist Vater, Mutter, Bruder mir und alles,
Und wo mir's wohl ergeht, mein Vaterland.

Salome.

Nein, liebe Zilla, Vater ist nur Einer.
Nur Einer liebt wie er und wird geliebet.

Zilla.

Gewohnheit ist's, nichts anders, liebes Kind.
Du liebst das alte Haus, so liebst Du auch,

Was Dich umgab. Warum? Du bist ein Kind,
Und hast die Welt, die große, nicht gesehn.

Salome.

Das eben, Zilla; nicht die große Welt,
Nur die gewohnte, kleine, kann ich lieben.

Zilla.

Du liebe Thörin! Siehe, wenn ein Lamm
Aus dunklem Stall, wo es von Jugend auf
Gelebt, hinaus soll in das offne Feld,
Da sträubt es sich, und Anfangs will es immer
Zurück zum dumpfen Stall. Doch hat es kaum
Der Höhe weiten Blick und Luft genossen,
So kehrt es sträubend nur zur alten Heimath.
So geht es Dir, mein Lämmchen, aber bald
Wirst, glaub' es mir, auch Du der Dinge Wesen
Ganz anders sehn. Dazu wird unser Fest
Dich schon erheben. Gehe jetzt und übe
Den Griechentanz; der Meister harret Dein.

Salome.

So will ich gehn und tanzen. Denn vielleicht
Vergeß ich, wenn im raschen Flug ich schwebe,
Daß alles hier, wie Stein und Eisen, starret.

Ab.

Zilla.

Wie himmelweit verschieden von der Mutter,
Die nur auf Rom und Kron' und Zepter sieht,
Und königlich und kaiserlich gesinnt,

Jedwedes Band der Menschlichkeit nicht achtet,
Um das zu seyn, was sie das Höchste nennt!
Da kommt sie her.

## Herodias. Zilla.

Herodias.

War Salome nicht hier?

Zilla.

Sie ging zum Tanz in diesem Augenblick.

Herodias.

Hat ihr Gemüth zum bessern sich gestimmt?

Zilla.

Noch stets der alte Ton! Verlangen nach
Dem Vater und der Heimath.

Herodias.

Albern Ding!
Ich will dir schon den starren Nacken beugen.

Zilla.

Nicht Starrsinn scheint es mir; es ist des Kindes
Natur . . .

Herodias.

Natur? Du wagst mir das zu sagen?
Hab' ich Dich dazu aus dem Staub gezogen,

Damit Du sie zur platten Alltagswelt
Herniederdrückest? — Nein, Erzieherin
Sollst Du ihr seyn! abstreifen ihr die Schmach
Des Niedrigen, Gemeinen — jede Kraft,
Die aufwärts strebt, erhöhn. Das heißt Erziehn!
Statt deß bequemst Du Dich dem flachen Sinn,
Nennst ihn Natur, besorgst, die junge Palme
Möcht' ihren Pfahl, den dürren, überwachsen,
Dem sie, zu spät nur, abgelöset ward! —
So geh, Du taugest nicht, den Weidenschößling,
Der aus sich selber wächset, aufzuziehn,
Geschweige denn die königliche Rebe,
Die nur erhöht die goldnen Früchte zeuget. —
O Jammer, solche Menschen um sich sehen,
Die immer nur an einer Hälfte flicken,
Und vor der andern knie'n mit blöder Demuth.
Elende, seid, was Ihr zu seyn vermöget!
Kriecht, wälzet Euch im Staub des platten Bodens
Und bleibet fern von Memphis Pyramiden! —

Zilla.

Was hab' ich denn gefehlt, daß meine Fürstin
Mir also zürnt und schmähet —?

Herodias.

Sprachst Du nicht,
Als ob der Dirne Blei wie Gold Dir gälte?

Zilla.

Muß nicht des Künstlers Aug', eh' seine Hand
Zum Meißel greift, den Kern des Marmors prüfen? —

Mir gilt allein der Mutter Geist und Wille!
O hättet Ihr die Rede doch gehört,
Womit ihr kindisch Wesen ich bestrafte,
Ihr hättet Eurer Dienerin fürwahr
Den Feiertag und dieses Krönungsfest
Zum Klag- und Trauertag nicht umgewandelt!

Herodias.

Nun! kam ich doch, Dir diesen Schmuck zu bringen,
Und mich als Freundin Dir, der ich die Tochter
Vertraut, nicht als Gebiet'rin zu erweisen!
Verdenkst Du mir, daß mich die Furcht ergriff,
Du könntest mein Vertrauen nicht verdienen?
Drum kämpft' ich gegen mich und meine Sorge.
Nicht gegen Dich, o Zilla. Jetzt erkenn' ich
Dich wie vorher, und Du erblickst in mir
Herodes Enkelin. — Nimm dies Geschmeide
Als Pfand und Zeichen, meinem Wink zu folgen,
Und laß Dich nicht von Albernheiten irren.

Zilla.

Gern brächt' ich meinen Dank nicht blos in Worten,
Der Mutter Stelle möcht' ich treu verwalten!
Daß mir's gelinge, wag' ich kühn die Frage:
Um welchen Preis gewinnt die Fürstentochter
Der Mutter Herz und Huld?

Herodias.

Du fragst? Sie soll
Nicht bloß den alten Staub und Schmutz vernichten,

Sie soll sich neuen Werth und Glanz erringen,
Und, muß die Mutter ernst und männlich handeln ——
Der Feiertag kann leicht sein Opfer fodern —
Ich selber bin des Tages Priesterin — —
Dann soll die Tochter mir zur Seite stehn,
Und ohne Zittern mir die Rechte reichen! —
Den Vater reiß aus ihrer Seele, hebe
Des Mädchens matten Geist zum kühnen Schwunge,
Laß dazu Roms und Hellas Lust und Künste
Und Lydiens kecke Tänz' und Reigen wirken! —
Kurz, gieb mir statt der zarten Hirtendirne
Die Fürstentochter! Hast Du mich verstanden?

Zilla.

Erhab'ne Fürstin, zählt auf meine Treue!
Gleichwie zum goldnen Diadem die Perle
Sich füget, soll der hohen Mutter Glanz
Und Würde bald die kleine Tochter zieren.

## Zweite Handlung.

### Gegend am Jordan.

Joseph von Ramath. Nikodemus.
Zerstreute Volksschaaren.

Nikodemus.

Ich möchte doch nicht gern, es würde ruchtbar,
Daß wir um ihn hinausgewandert. Laß uns
Verhehlen, wer wir sind.

Joseph.

Wie bist Du ängstlich!
Es sind ja manche noch vom hohen Rath
Hinausgezogen. Warum sollen wir
Allein den Mann nicht sehen oder hören,
Bevor wir über ihn das Urtheil fällen?

Nikodemus.

Er ist bereits verdammt mit allen Stimmen.

Joseph.

Ist Deine Stimm' auch unter diesen?

Nikodemus.

Lieber,
Wie kannst Du mich so hart und bitter fragen?
Ich kenne ja des Rathes Sinn und Trachten.
Und darum eben, mein' ich, müsse Klugheit
Auch unsre Schritte leiten. Mehr als sechzig
Sind wider uns. — Wird man das Wort von Zween
Vernehmen im Geschrei von acht und sechzig?

Joseph.

Wie zählest Du so ängstlich, Nikodemus?
Das Wort der Wahrheit ist Jehovahs Wort!
Es bricht die Cedern, macht die Berge zittern,
Und kehret nicht, es habe denn vollendet,
Was ihm gebührt. — Laß sie die goldnen Kälber
In Sümpfen bau'n, indeß auf Horebs Höhen
Jehovah spricht! Er wird durch einen Mann,
Den er erkohr, die Götzen bald vernichten.

Nikodemus.

Noch ist die Stunde nicht gekommen. „Alles
Hat seine Zeit!" spricht Salomo.

Joseph.

„Es ist
Ein Löwe draußen!" ächzt sein träger Feigling,
Und bleibt daheim und darbt. — Der Herr ist nah!
Jehovah wird sein altes Wort erfüllen.
Der große Tag des Himmelreichs bricht an,
Johannes ist sein Morgenstern und Herold!
Schon ruht die Axt, so spricht er, an der Wurzel

Des morschen Baums; bald wird der Held erscheinen,
Der sie ergreift — schon zittern seine Wipfel —.
Hat nicht der hohe Rath hinausgesendet
Ihn zu befragen: Bist du der Verheiß'ne? —

Nikodemus.

Erzähle mir des Mannes Red' und Antwort.

Joseph.

Er sprach: Nicht ich! — ich bin der Wüste Stimme,
Die vor ihm wandelt, ihm den Weg zu bahnen.
Bald kommt er selbst. Erzittre Natternbrut!
Wie wollet ihr dem Zorngericht entrinnen,
Das euer harret. Heuchler, nennet ihr
Euch Abra'ms Saamen! — Eher sind die Felsen
Des Jordans Abra'ms Kinder! — Sehet zu!
Thut Buße, bringet Frucht! — So sprach gewaltig
Der kühne Mann und schweigend schlich die Weisheit
Zum Sanhedrin zurück. — — Sieh, drüben wallet
Des Volkes Schaar und sucht ihn. — Was erreget
Der Menge Sinn zu jenem Mann? — Fürwahr,
Wenn jetzo nicht die neue Zeit beginnet,
So kommt sie nie. Erstarrt im Sündenschlaf
Der Selbstsucht liegt das Priesterthum, im Schlamm
Der Wollust tief versenkt des Adels Kraft,
Und unterm Römerjoch erseufzt der Erdkreis.
Sehnsüchtig blickt das arme Volk gen Himmel —.
Jehovahs Odem schwebet schon hernieder
Die Erd' erneuend; und zuerst erhebt
Das niedre Gras die zarten Halm' und Spitzen

Dem neuen Lenz, das Volk erwacht; so nahet
Des Herren Tag! — O sieh, wie überall
Die Menschen wandeln, gleich zerstreuten Schafen,
Die ihren Hirten suchen; überall
Umdrängt ein dichter Kreis den Schriftgelehrten,
Der sie zu deuten weiß; geflügelt eilt
Das Wort von Mund zu Mund, von Ohr zu Ohr ——
Sie nahen sich auch uns —— Was wollt Ihr Freunde?
Wie seht Ihr uns so fremd und forschend an?

### Einer.

Wir suchen ihn! O sagt uns, was Ihr wisset?

### Nikodemus.

Wen suchet Ihr?

### Einer.

Den Seher des Gebirges,
Der hier am Jordan tauft und Buße predigt.

### Ein andrer.

Da wo der Quell aus hartem Felsen springt
Und durch das Thal zum heil'gen Strom enteilet,
Stand er in hoher Kraft; sein Wort erklang
Wie Jordans Fluth, wenn des Gebirges Schnee
Ihn höher schwellt und seine Wellen brausen.

### Ein dritter.

Es drang bis in die Thor' und Hallen Sions.

Ein vierter.

Doch sanft wie Thau, erquicklich gleich den Lüften,
Die über's Meer zur Zeit der Hitze wehen,
Ist seine Rede, wenn er zu dem armen,
Zerplagten Volk sich wendend, Gottes Heil
Und des Verheißnen Zukunft uns verkündet.

Ein andrer.

Ist er nicht selbst der heil'gen Seher einer,
So wohnt Elias und Jesaias Geist
In ihm.

Nikodemus.

Auch wir verließen Salems Mauern,
Den Mann zu sehn.

Ein Volksmann.

Vom hohen Rath gesendet?

Joseph.

Nein, Freund! Uns trieb allein das eigne Herz,
Nicht eitle Neubegier, den Gottesmann
Zu schaun! So saget uns, wo wir ihn finden.

Ein Volksmann.

Wir selber suchen ihn. Hier lehrt' und tauft' er
Auf Buß und Glauben und den Gottgesalbten.
Ich ebne nur, so sprach er, ihm den Weg.
Mit Wasser tauf' ich euch, mit Feuer wird
Der andre taufen. Ich, ich bin nicht werth,
Die Riemen seines Fußes ihm zu lösen!

Ein andrer.

Und: alle Welt soll Gottes Heiland sehn!

Nikodemus.

Kam nicht vom Sanhedrin auch eine Botschaft?

Ein Volksmann.

Ja; doch sie werden nicht zum zweiten Mal
Vor ihm erscheinen. Als ob Baals Pfaffen
Ihm nahten, so empfing er die Gesandtschaft.
Er sprach: Wie wollet ihr dem Zorn entrinnen!
Thut Buße, bringet Frucht, ihr dürren Bäume!
Die Axt ruht an der Wurzel. Bald erscheint
Ein Stärkerer denn ich, der wird sie nehmen —
Ein Held wird kommen und die Tenne fegen,
Den Weizen wird er sammeln, und die Spreu
Mit ew'gem Feuer wird er sie verbrennen!
Er sprach's; sie gingen mit erboßten Herzen.

Joseph.

Ist es denn Recht, den Obersten des Volks
Solch hartes Wort zu bieten?

Ein Volksmann.

Warum blieben
Sie nicht daheim, wenn sie nach Wahrheit nicht
Gelüstete. Die Wüst' ist frei. Gebiete
Dem Jordan Stillestand! Eh' wird er Dir
Gehorchen und vor Deinem Fuß sich krümmen,
Als Zacharias Sohn vor Menschen zittert!

Ein andrer.

Er redet anders denn die Schriftgelehrten!

Erster.

Als er verkündet ward dem alten Vater
Im Tempel zu Jerusalem, da band
Jehovahs Engel ihm die Zung' im Munde.
Neun Monden ging der Vater stumm und harrend —
Um desto kräft'ger tönt des Sohnes Rede.

Das Volk.

Heil ihm! Er bringt Israel Heil und Rettung!

---

Jakobus und Stephanus zu den Vorigen.

---

Jakobus.

Wen meinet Ihr? Wen preisen Eure Worte?

Volk.

Wen anders als Johannes, den Propheten!

Andrer.

Den heil'gen Seher!

Dritter.

Juda's Held und Retter!

Stephanus.

Mit Lippen preisen, das ist Eure Weise.
Doch fern von Gott sind Eure Herzen. Höret!

Gilt Euch Johannes, was Ihr sagt, so thut,
Was er gebeut. Thut Buße und versuchet
Vorher Euch selbst! Die Ihr zween Röcke habt,
Geht hin und theilet mit dem Armen. Wer
Es nicht vermag, der nenne seinen Namen
Nicht mehr! Ich acht' ihn nur gemeinen Pöbel —

Das Volk.

Hosanna! dem der kommt Israels Retter!

Ab.

Joseph.

Ihr seid wohl seine Jünger. O so redet!
Uns führt nicht blinde Neugier in die Wüste.
Auch uns verlanget, Wahrheit zu vernehmen,
Und Trost für Israel aus seinem Munde.

Jakobus.

Vergebens seid Ihr dann hieher gekommen.
Ihr werdet hier nicht mehr sein Antlitz schaun —
Er hat sein Amt als Täufer schon vollendet.

Joseph zu Nikodemus.

Siehst Du, mein Freund, des Zögerns Schuld und Buße.

Jakobus.

Nicht ist mit ihm der Wahrheit Wort verstummt.
Habt Ihr ein Herz dafür, sie wird sich nahen.

Joseph.

O sag' uns, ist Israels Retter nah?

Stephanus.

Johannes stand sein Herold und Verkünder
Am Strom; da kam er selbst. — Der Herold neigte
Sein Angesicht. Nie standen solche Helden
An Jordans Ufern.

Jakobus.

So wie Libans Ceder
Sich beuget vor Jehovahs Blick und Stimme,
So neigte sich der Herold dem Gesalbten,
Als er erschien voll Herrlichkeit und Liebe.
Johannes Haupt umhüllte stille Demuth,
Wie Morgendüfte Tabors hohe Stirn.

Stephanus.

Und Er — er selbst erschien im Morgenroth
Auf Karmels Höhn. — „Ich komme deine Taufe,
Johannes, zu empfahn!" — „Ach, wie vermöchte,
So sprach der Täufer, ich Unwürdiger
Dein Haupt zu netzen! Ich bin dein nicht werth —
Nicht werth, der Schuhe Riemen dir zu lösen!"
„Gieb mir, was du zu geben wardst berufen,
Laß mich von dir empfahn, was mir gebührt.
Du taufest mich!" sprach jener. Es geschah.
Er stieg hinab zum Jordan — laßt mich schweigen!

Jakobus.

Kein menschlich Wort vermag Euch zu verkünden,
Was jetzt geschah — die Erd' erzitterte.

Stephanus.

Der Himmel that sich auf —

Jakobus.

Er ist erschienen!

Stephanus.

Nach solcher Taufe kann Johannes Hand
Nicht mehr die heil'ge Fluth des Jordans fassen.
Er weilt nicht mehr in dieser Wüste. Fraget
Uns nicht, welch Land den Heiligen bewahre.
Geht, fragt und forschet nach Jehovahs Rath —
Thut Buß' und glaubt! Das Himmelreich ist nah —
Nun Friede sei mit Euch —!

Jakobus.

Wo nicht, verkauft
Den Rock und handelt Euch dafür ein Schwert.

Ab.

Nikodemus.

Seltsame Menschen! — Hat nicht Schwärmerei
Ihr Herz bethört, so muß sich manches zeigen —
In solcher Zeit thut Prüfung Noth und Umsicht —

Joseph.

Auch Muth, mein Freund, der Wahrheit klar und frei
Ins Angesicht zu schaun und seine Seele
Zu retten, eh' der Tag des Heils entflieht.

Nikodemus.

Komm, laß uns gen Jerusalem nun eilen.

Ab.

## Eine andere Gegend am Jordan.

### Mehrere vom Volke.

Ein alter Bürger.

Habt Ihr's vernommen? Alles ist vorbei!

Zweiter.

Was ist vorbei?

Der Alte.

Johannes ist verhaftet!

Mehrere Stimmen.

Verhaftet! — Wie? Wer hat sich deß erkühnet?

Der Alte.

Ihr wisset doch, er hat den hohen Rath
Geschmäht; er schalt die Aeltesten und Priester
Otterngezücht, und Schlangenbrut, und Heuchler.

Mehrere.

Erster.

Dran hat er Recht gethan, bei Gott! Verschlingen
Sie nicht der Wittwen und der Waisen Habe? —

Zweiter.

Ja Heuchler sind's und ungerechte Prasser —
Und stolz wie Haman —

Dritter.

Möcht' auch Hamans Baum
Den hohen Rath erhöhn! —

Vierter.

Auf Sion wohnt
Nicht Recht noch Licht. Das Volk erliegt dem Drucke,
Der Bürger wird zerplagt wie ein Kamel.
Sie selbst berühren kaum mit einem Finger
Die schwere Last, die uns zu Boden drückt.

Fünfter.

Sie treiben es noch ärger, als die Römer. —

Sechster.

Die Hohenpriester sind der Heiden Hunde.

Siebenter.

Gott tilge sie wie Korahs freche Rotte!

Mehrere.

Johannes hatte Recht! Wir stehn ihm bei!
Wir helfen ihm! Bei Gott, er hatte Recht!

Der Alte.

Wenn Ihr so fortfahrt, dann vernehmt Ihr nie
Wie's um ihn steht!

Mehrere.

So schweiget doch und höret!

Der Alte.

Er hat, Ihr wißt, dem hohen Rath geschmäht.

Mehrere.

Mit Recht! mit Recht! Dran hat er wohl gethan!

Einer.

So hört doch! seid doch still, Ihr dummen Meuter!

Mehrere.

Dann war Johannes auch ein Meuter. Nein!
Verdammt sei, wer ihm schmäht! Fluch sei dem Rath!

Der Alte.

So hört! — Ihr wisset doch, Herodes kam
Des Weges . . .

Erster.

Ja, er fuhr in seinem Wagen,
Den er von Rom gebracht, so sagt man; Gold
Und Silber glänzt' an Felge, Nab' und Speichen.

Zweiter.

In solchem Wagen fährt der Heiden Kaiser.

Dritter.

Hast Du's gesehn?

Vierter.

Bist Du in Rom gewesen? —

Fünfter.

Zwei hundert Reuter zogen vor ihm her.

Sechster.

Sein Vater hatte noch viel größre Pracht.

Siebenter.

Jetzt fährt der alte Hund mit Satans-Rossen.

Der Alte.

So schweigt und hört! wo nicht, so geh' ich fürbaß.

Mehrere Stimmen.

Nein, nein! Wir hören; sprich!

Der Alte.

Nun, Antipas,
Der König und Tetrarch und König von ...

Gelächter.

Einige.

Ha! Doppelkönig — meinethalben Kaiser
Von Galiläa!

Der Alte.

Höret! — Antipas
Vernahm auch von Johannes Tauf' und Predigt;
Da fuhr er nach Bethabara, als wär's
Von ungefähr, aus Neugier, wie die Großen
Denn sind — sie haben nichts zu thun — vielleicht
Aus Spott und Stolz. Vor mir und meinem Wagen,
So dacht' er, soll der Priestersohn sich bücken.

Einzelne Stimmen.

Nun sag', wie ging's? —

Der Alte.

Er frug: Was sagst du mir?
Du hast für Jedermann ein schicklich Wort!
Und so begehr' auch ich von deiner Weisheit! —
Da öffnete der Priestersohn den Mund
Und sprach —

Aus dem Volke.

Fürwahr, es soll mich wunder nehmen,
Was er dem König sagte.

Der Alte.

Hört! Er sprach:
Es ist nicht recht, daß du des Bruders Weib hast!

Volk. Lautes Gelächter.

O weh, o weh! — das heiß' ich frei gesprochen!

Ein andrer.

Das war dem Nagel auf das Haupt geschlagen.

Ein andrer.

Mein Himmel! Vor dem König solche Kühnheit!

Der Alte.

Und denkt, sie selber saß mit ihm im Wagen!

Volk.

Und macht' ein lang Gesicht zur kurzen Rede! —

Volksmann.

Wahr ist's, er hat sein eigen Weib verstoßen,
Und seines Bruders Weib mit Trug geraubt.

Ein andrer.

Ja, seinem Bruder Philipp, der ihm alle
Gefälligkeit erwies — Er nahm ihn auf,
Als er nach Rom hinzog und wiederkehrte,
Samt seiner Dienerschaft, und hielt ihm Feste,
Als hätten Gottes Engel ihn besucht. —
Und sieh, er nährt' und pflegt' an seinem Busen
Des Drachen Brut. Das war sein Dank und Lohn!

Der Alte.

Das Weib ist eine Schlange. Sie verführt' ihn.

Einer.

Ein König muß auf eignen Füßen stehen,
Und Weiberlist den Fürsten nicht bestricken.

Der Alte.

Philippus stiller Sinn paßt nicht zu ihrem
Herodesblut — sie wollt' ein Königthum —
So führt' sie ihn am Seil.

Einer.

Nun sprich, was that
Denn Antipas?

Ein andrer.

Dünkt' ihm die richt'ge Antwort
Auch lieblich, wie ein Kuß?

Ein andrer.

Ein Peitschenhieb
Auf eines Esels Haut!

Der Alte.

Nun hört! Vielleicht
Hat ihn des Täufers freies Wort verdrossen.

Einer.

Das sollt' ich meinen! Wahrheit bei Tyrannen!
Ein Engel Gottes in der Hölle Thoren!

Der Alte.

Nun unser Sanhedrin und Antipas —
Sein Weib nicht zu vergessen — haben ihn
Ergriffen —

Volk.

Und getödtet —?

Der Alte.

Das wohl nicht!
Jedoch, man sagt, er sitze zu Machäron.

Einer.

Das hätt' ich ihm wohl prophezeihen wollen.

Ein andrer.

Elender Wicht — und damit ist es gut? —

Ein andrer.

Mein Gott, das ist betrübt!

Mehrere.

Wir retten ihn!

Der Alte.

Ihr retten! — Wißt Ihr auch, Macharon hat
Für sechzig tausend Krieger Waffen; rings
Umstarrt die Burg ein eisern Feld von Spießen.
Verläßt ihn Gott, so ist er uns verloren!

Volk.

Gewiß, Gott rettet ihn! Bald wird ein Wunder
Des Wahrheitshelden Band' und Kerker lösen!

Ein andrer.

Und uns befrei'n! Dann ist er der Messias.

Ein andrer.

Dann fällt der hohe Rath und das Geschlecht
Der Idumäer samt dem Heidendrachen.

Volk.

Erster.

Heil uns! wir sind das auserwählte Volk!

Zweiter.

Jehovahs Volk, der Herr wird uns erretten. —

Dritter.

Dann wird im Lande Milch und Honig fließen! —

Viele.

Heil, Heil uns allen, Heil dir Kanaan!

Ab und zerstreuen sich.

Der Alte.

Elender Pöbel! wirst noch lange warten.
Eh' Josua und Caleb Trauben bringen,
Wirst du am Herling dir die Zähne stumpfen!

Ab.

---

## Burg Machärus.

---

Hannas. Kaiphas. Philo. Simon.

Hannas.

Willkommen Philo! Seid willkommen Simon!
Ihr thatet wohl, daß Ihr uns nachgekommen.

Philo.

Noch heißt uns nicht willkommen! Hört zuvor
Die Botschaft. Einen Schwärmer habt Ihr fest,
Und triumphirt! Allein erfüllet ist
Sein Wort, es würd' ein Stärk'rer nach ihm kommen,
Die Axt ergreifen und den Baum vernichten,
Die Schaufel nehmen und die Tenne fegen! —
Der Baum seid Ihr, und Sion ist die Tenne.
Beweist denn Eurer Weisheit Frücht' und Gaben!
Seid Ihr nicht Spreu, so zeiget Euch als Weizen!

Hannas.

Was meinst Du Philo? — Deine Red' ist dunkel. —

Philo.

Um desto besser paßt sie zu den Zeiten.
Ihr habt, das weiß ich schon, den Mann des Volkes,
Den feurigen Elias, hier im Kloben.
Ihr lasset ihn vielleicht, anstatt zum Himmel,
Herunterfahren in die Hölle. Aber,
Was hilft es Euch? — Ein andrer trat schon auf,
Kein Priestersohn — er nennt sich Davidssohn
Aus Nazareth.

Kaiphas.

Was kann aus Nazareth
Denn Gutes kommen?

Philo.

Nun, so kann Verderben
Aus Nazareth Euch kommen. Hört! vom Jordan
Kam dieser Schwärmer. Jesus ist sein Name.

Simon.

Bemerkt des Namens klugen Sinn und Losung.

Philo.

Hosanna, rief der Pöbel ihm entgegen,
Als er zur heil'gen Stadt die Füße wandte.
Er aber zog gen Sion in den Tempel,
Warf um der Wechsler Tisch' und Bänke,
Das Volk der Krämer aus den Hallen, peitschte

Das Opfervieh hinaus ... „Ihr sollt mein Haus —
So nennet er den Tempel — ferner nicht
Entweihn, daß euch mein Eifer nicht verzehre!“ —

Kaiphas.

Ist's möglich? Haben nicht die Wechsler und
Die Krämer von uns selbst den Platz erhandelt?
Wie ließen sie dem Schwärmer seinen Willen?

Simon.

Das Volk sah zu mit lautem Lob' und Beifall.

Philo.

Euch Hohepriester, Aeltesten und Räthe,
Euch nennt er Otternzucht und Schlangenbrut,
Scheinheil'ge, Volksverführer, Wölf' und Räuber,
Eh'brecher, stumme Hund' und Satanskinder,
Betünchte Gräber, voller Aas und Moder.

Hannas.

Verwegner Trotz!

Kaiphas.

Hat keiner ihm gewehret?

Philo.

Da wehre Du, wenn Tausend ihn umringen
Und triumphirend Hosianna! schreien.
Und sind nicht auch im Sanhedrin selbst Meuter,
Und Sadduzäer — feige Römerknechte —
Und die den Staub der Idumäer lecken! —

Hannas.

Du meinest uns, erhitzter Mensch, Du irrst! —
Und möchtest Du Dich selbst nur besser zähmen,
Nicht Grimm und Zorn wird Dir den Sieg gewinnen. —
Hat uns denn Lieb' und Lust hiehergeführet,
In diesen Fürstenkerker? Uns gebietet
Die Zeit, mein Freund, bis wir der Zeit gebieten. —
Was hast Du sonst noch? Rede!

Philo.

Ich sandte eilig
Zween treue Männer zu dem Nazarener.
Sie fragten: Sprich, in wessen Kraft und Vollmacht
Erkühnst Du Dich im Tempel so zu schalten? —
Er sprach: In eigner Kraft vom Vater mir
Verliehn —

Simon.

So wagt der Frevler Gott zu nennen.

Philo.

Ich bin des Höchsten Sohn, von ihm gesendet.
Drum glaubt an mich! wo nicht, so seid verloren! —
Welch Zeichen, fragten sie, wirst du vollbringen?
Er sprach: den Tempel hier will ich zerstören.
Und in drei Tagen wieder ihn erbauen!

Kaiphas.

O schöne Antwort! diese soll ihn stürzen!
Er hat Jehovahs Nam' und Heiligthum
Gelästert. Brauchen wir noch ferner Zeugniß?

Philo.

Was hilft ein Zeugniß gegen tausend Hände
Und Köpfe des erhitzten frechen Pöbels?

Kaiphas.

Genoß nicht auch zuvor der andre Träumer
Des Pöbels Gunst? — Herodes Reuter griffen
Ihn auf, das Volk hat weder Hand noch Fuß
Geregt. So mag denn jetzt der hochgepries'ne Herold
Dem Kommenden den rechten Weg bereiten!

Philo.

Mit nichten soll der andre durch die Hand
Des Idumäers fallen, er sich rühmen,
Daß er, nicht wir, das Heiligthum beschirme. —
Ja, könnt' ich Edoms Uebermuth vernichten,
Ich folgte selbst dem kühnen Nazarener,
Und hätt' ich dann des Herzens Wunsch vollbracht,
Und dies Geschlecht dem Höllengott geschlachtet —
Dann fiel' er selbst, ein Dank= und Freudenopfer!

Hannas.

Hier hör' ich Philo! — Aber, sprich, was machen
Wir mit dem Schwärmer drüben —?

Philo.

Gebt ihn frei,
Daß aufgeregt des Volkes Masse werde,
Daß lauter sich der Römerhaß verkünde,
Und der verfluchte Idumäerstamm,

Der uns verhöhnend immer weiter greift,
Gefaßt vom Strudel in den Abgrund sinke!

Hannas.

Kannst, Philo, Du der Flamme, wenn sie lodert,
Gebieten, daß sie nicht das Heiligthum
Ergreif' und uns mit ihm verzehre? — Freund,
Das losgebund'ne Volk ist solche Flamme.

Philo.

Die Flamme lieber, so die Kraft erreget,
Als stets in Angst, von stiller Gluth umgeben,
Des Ausbruchs harren . .

Hannas, nach einer Pause.

Höret meinen Rath!
Johannes fällt im Kerker durch Herodes.
Verdoppelt trifft des Pöbels Haß und Fluch
Den Mörder seines Lieblings, uns befreit
Sein Tod von einem kühnen Feind; wir haben
Auf jenen dann nur unsern Blick zu richten.
Vielleicht selbst dienet uns der Galiläer
Zum Werkzeug unsrer Wünsche —

Philo.

Nun! wie meinst Du?

Hannas.

Gelång' es ihm, durch Volkes Wahn und Aufruhr
Das fremde Joch zu brechen, so genießt
Der hohe Rath die Frucht; er stirbt, wir herrschen. —

Mißlingt sein Werk, so fällt die Schmach auf ihn,
Und er durch uns. — Wir ärnten Römerbeifall.

Philo.

Du rechnest schlau, mit priesterlichem Geist,
Doch siehe zu, daß Du Dich nicht verrechnest. —
Genug, es sei! Macht ihn, Ihr Hohenpriester,
Zum Sündenbock . .

Kaiphas.

Gelingen wird uns wohl
Des Schwärmers Tod.

Philo.

Wer möchte das bezweifeln?
Zween Priester und ein Weib im Bunde! — Säet
Nur Euren Saamen, dann versichert Euch
Der Frucht! — Gehabt Euch wohl!

Hannas.

Verweilet hier
Bis zu des Festes End', Ihr seid willkommen!
Wir reisen dann mit Euch zur Heimath.

Philo.

Nein!
Hier wehet Kerkerluft. Gehabt Euch wohl!
Ab mit Simon.

Hannas.

Verdammter Pharisäer, deinem Kopf
Der Fluch, der solchem Uebermuth gebühret.

Herodias. Die Vorigen.

Herodias.

Verzeiht, ehrwürd'ge Väter, weisen Rath
Bedürfend wend' ich mich sogleich zur Quelle.

Hannas.

Erhab'ne Frau, verbürgt des Herzens Wunsch
Und Wille nur zur Hälfte die Vollendung,
So sind wir glücklich; wir vermögen dann
Des edeln Zutrauns würdig uns zu zeigen.

Kaiphas.

Dem Hohenpriester gilt nächst Adonais
Gebot' und Wink das Wort der Erdengötter.

Herodias.

Habt Dank, Ihr theuren Väter! uns vereinet
Ein heilig Band; Ihr seid des Herrn Gesalbte. —
So laßt gemeinsam uns das Beste wirken.
O möchte mir ein theurer Wunsch gelingen,
Der in der Kindheit schon mein Herz erfüllte!
Da war ich Zeugin jener Heidengreuel — — —
(Nicht mir, der Enkelin, geziemt zu richten —
Herodes ward verführt — ich nenn' es Schwäche
Im Dienste Roms; die Welt preist ihn den Großen —

Wohl wär' er's auch vor Gott, hätt' er das Größte,
Auf Sions Höh'n, so wie durch Gold und Marmor,
Durch Licht und Recht zu Würd' und Kraft erhoben!)
Ich sah' des Heidensinns verruchtes Spiel
An heil'ger Stäte; weinte, zürnt' und schwieg. —
Bald sah ich auch in Salems Heiligthume
Zum erstenmal des Hohenpriesters Antlitz.
Wie eine Ros' im Lenz, wie Libans Ceder,
So stand er da, und, gleich dem Morgenstern
Am hohen Himmel zwischen Wolken, glänzte
Sein heilig Haupt im raucherfüllten Tempel. —
Da, edle Väter, faßt' ich das Gelübde
Im tiefbewegten und verschwiegnen Busen:
Wenn mir Jehovah je sein Antlitz neiget,
Dann soll auf Sions Höh'n sein Heiligthum
Im Glanz und Würde Salomons ihm strahlen!

Hannas.

Er woll' an Euch, o Fürstin, und durch Euch
Vollenden, was er herrlich schon begonnen!

Herodias.

Ich rede frei. Ihr sollt mein ganzes Herz
Und meiner Seele tiefsten Wunsch erfahren.
Philippus ward — durch Liebe nicht — durch Zwang,
Der in des Herzens heiligstem Gebiet
Die Fürsten hart beherrschet, mein Gemahl.
Ein guter Mann; dem zeugt der Menge Ruf,
Gerecht, mitleidig, schwach, ein Mann des Volkes,
Das nur die Gabe siehet, nicht den Geber.

Kaiphas.

Die Zeit erfodert kräftige Gesinnung.
Wir wissen, er verlor Gewalt und Land.

Herodias.

Sich selbst verdankt er dieses. — Für Israels
Erhebung, Jakobs Schmach lebt kein Gefühl
In seiner Brust. Agrippa, meines Bruders,
Kann auch mein Herz sich nicht erfreun; er ist
Ein Römerknecht; dem Heiden Felix giebt
Er seine Tochter. Seit der Kindheit sog
Er Heiden-Milch und Luft. In Thränen schwanden
Die Tage mir, wie unsern Vätern, als sie
An Weiden Babylons die Harfen hingen. —
Da kam der König Antipas; ihm klagt' ich
Den langverhehlten Gram. Er sprach: Ich will
Israels Heil und Glanz! Ich fand in ihm
Des eignen Herzens theuerste Gesinnung
Und höchsten Wunsch. Lebendiger erwachte
Mir jetzt die alte Sehnsucht und der Haß
Des Heidenthums. Im gleichgestimmten Geist
Erkannt' ich nun mich selbst; ein heilig Trachten,
Wie einst den edlen Stamm der Asmonäer
Erfüllend, Sieg und Segen brachte, hat,
Ehrwürd'ge Väter, mich zu ihm gesellt,
Und mein Geschick mit Gott und ihm vereinet.

Hannas.

O edle Frau! wie oft durch Weibes Hand
Aus tiefer Noth der Herr sein Volk erlöset,
So hat er Euch zu Judas Heil erkohren.

Kaiphas.

Und inniger verehren wir Euch nun,
Seit Euer Herz sich also offenbaret.

Herodias.

O möcht' es mir gelingen! Ja, dann soll
Die Weihe Salomons des Herren Haus
Erfüllen! Aber ach, erhebt sich doch
In Juda selbst der Widerstand, und schmähet
Nicht gar ein Priestersohn Jehovahs Diener
Vor allem Volke! Macht er nicht die Felsen
Des Jordans spottend zu Abrahams Söhnen!
Sagt nicht der Kühne, daß die Axt am Stamme
Schon ruhe, nur die Hand erwartend, die
Mit einem Streich Jehovahs Ceder fälle? —

Kaiphas.

Ihn selber trifft sie und sein Lästermaul.

Hannas.

Wer mit dem Schwerdte drohet, fällt durchs Schwerdt.

Herodias.

Ihr denket, Freunde, also sei es Recht.

Hannas.

Jehovah liebt das Recht und giebt ihm Sieg.

Herodias.

Der König wird den Läst'rer nicht verdammen.

Kaiphas, Hannas, zugleich.

Der König nicht?

Herodias.

Ihr staunt, ehrwürd'ge Männer.
Ich auch. Doch ist es so! Des Königs Mutter
Kleopatra, aus Hohenpriesterstamm,
Erzog den Lieblingssohn zu weich und milde,
Sie selber weich und schwach. Das klebt ihm an.
Vor allen scheint an diesem Freudentage
Sein Herz erweicht. Dem zeuget dies: Ein kecker
Aufrührer von der galilä'schen Rotte,
Die überall solch Unheil angerichtet,
Saß hier im Kerker. Siebenfachen Tod
Hatt' er verwirkt. Die Mutter kommt und flehet
Zur guten Stund'; er läßt den Meuter los.

Kaiphas.

Wozu denn trägt die Obrigkeit das Schwerdt?
Hier möcht' ich selbst des Königs Milde tadeln.
Die böse Zeit erheischt des Guten Strenge.

Herodias.

Wohl habt Ihr Recht. Doch höret nun das Schlimmste.
Der Mensch ward frei — der Mutter Dank und Thränen,
Ihm überreichlich dargebracht, erweichten
Des Königs Herz noch mehr. — Es ist ja leichter,
Großmuth und Milde, denn Gerechtigkeit
Zu üben. Jene fodert nur ein weiches,
Und dies' ein starkes Herz. Auch wähnt der Mensch,

Der Sinnliche, sich dann der Gottheit näher,
Wenn er Erbarmung übt. Denn Gottes Milde
Liegt jedem Auge nah, jedoch in Dunkel
Verhüllet Er des Rechts verborgne Wege.

Hannas.

Ihr redet wahr und gleich den heil'gen Schriften.

Herodias.

Nachdem der König nun die Süßigkeit
Gekostet, die er kindisch sich bereitet,
(Ich tadle nur sein gar zu weiches Herz,)
Verlangt' ihn bald nach mehr dergleichen Frucht,
Und er gebot, den Täufer aus dem Kerker
In ein geraum bequem Gemach zu führen.

Kaiphas.

Ist's möglich? — Und was hat des Königs Sinn
So schnell verwandelt?

Herodias.

Seht, des Schwärmers Wesen,
Und seiner Rede schlaue Kunst und Stellung,
Gefährlich für des Volkes Sinn und Trachten,
Hat selbst des Konigs Herz und Gunst gewonnen. —
Er hätt' ihn frei gegeben, hielte Furcht
Vor Spott ihn nicht zurück; er giebt ihn los,
Wenn wir dem nicht mit Kraft und Klugheit wehren.

Hannas.

Dann überwög' ein zweiter Trug den ersten.

Kaiphas.

Da würd' allerst der Pöbel schrein: O seht
Den Gottesmann!

Herodias.

Er durfte kühn, so wird
Man jubelnd rufen, Fürst und Priesterthum
Verhöhnen! Gott hat seines Kerkers Bande
Gelöset! Seht der Wahrheit Kräft und Sieg! — —
Dann schwingt das Volk die hochgerühmte Axt
Aufs eigne Vaterland, und Roma's Adler,
Dem nichts erwünschter als der Völker Zwietracht,
Ergreift den längst erspähten Raub und tilgt
Die kleinste Spur von Freiheit. Väter, redet,
Dünkt Euch die Furcht, die mich ergreift, ein Wahn,
So rettet mich von meinen bangen Sorgen —!

Hannas.

Vielmehr, wir theilen Eure Sorge, Fürstin,
Und größer noch ist unsre. Denn wir wissen,
Ein andrer Meuter, sicherlich mit jenem,
Der ihn dem Volk verkündet hat, im Bunde,
Ist zu Jerusalem jetzt aufgestanden.
Gewaltsam maßt er sich des Tempels Aufsicht
Und Richtamt an. Der Pöbel jauchzt ihm Beifall.

Herodias.

Ich weiß; sein Nam' ist Jesus, Galiläa
Sein Vaterland. Er nennet sich den Retter,
Verhöhnt das Priesterthum und Moseh Satzung;
So ziehet er durchs Land, des Pöbels Götze.

Kaiphas.

Wir hören staunend. — Aber, was vermag,
O Fürstin, unser Rath, dem Drachen, der uns
Bedroht, wo nicht den Kopf, den Schweif zu rauben? —

Herodias, nach einigem Nachsinnen.

Sagt, Väter, meinet Ihr, der Läst'rer sei
Des Todes schuldig?

Kaiphas.

Wär' er selbst unschuldig,
Ein Narr, an Worten reich, und arm an That;
So fodert schon des ganzen Volkes Heil
Des Einen Tod. Denn besser ist, daß einer
Unschuldig leide, als das ganze Volk. —
Doch dieser hat mit wildem Frevelmuth
Gott und sein Heiligthum geschmäht. Er sterbe!

Hannas.

Er sterbe!

Herodias.

Wie Ihr sagt, so sei es! — Aber,
Nur durch des Königs Wort kann dies geschehn.
So helft mir treu, wenn Euren Rath und Hülfe
Die Zeit erfodert, und vor allem traut
Auf meinen Dank, ehrwürd'ge theure Freunde,
Zur Freud' und Stärkung mir von Gott gesendet!

Ab.

## Hannas und Kaiphas.

Hannas.

Ein kluges Weib! — Sie hat den Mantel Jaels,
Womit sie Sissera bedeckt, die Schaale,
Woraus sie ihn zum Schlafe tränkt; — den Nagel
Verbirgt sie klüglich bis durchs blut'ge Haupt
Er in die Erde dringt. — Ei! Römerhaß? —
Gern wäre sie wohl Roma's Kaiserin.

Kaiphas.

Und stark genug selbst für des Weltreichs Zügel.
Doch macht des Schwärmers Haft ihr Sorg' und Kummer.

Hannas.

Es ist die erst' und keine kleine That,
Bestimmt der Herrschaft Anfang zu begründen.
Auch muß sie schlau den männlich-kühnen Sinn
Und Ehrgeiz, der sie treibt, vor ihm verbergen,
Der Liebe nur und Weisheit in ihr sieht,
Durch sie bethört. — Ich stimme für den Tod
Des Pöbelhelden; unser Wohl erheischt ihn;
Auch können wir zur Zeit des Fürstenarms
Noch nicht entrathen, und ein fürstlich Weib
Vermag oft mehr als zehn gekrönte Männer.
So möge sie vorerst den Täufer richten! —
Doch säh' ich lieber, nur nach unserm Abzug.

Kaiphas.

Man wird am heut'gen Tag kein Blut vergießen.
Es ist ein Gnadentag — ein Fest der Freude.

Hannas.

Der Rachsucht größte Lust und Freud' ist Blut.
Ei nun! die Zeit ist los, so mag sie walten!

Ab.

---

Garten des Königs.

Antipas. Der Gärtner.

---

Antipas.

Hat der Gefangne schon der Huld, die wir ihm
Gewähret, und des Gartens sich erfreut?

Gärtner.

Er wandelte durch diese Schattengänge,
Zween junge Männer gingen ihm zur Seite.

Antipas.

Wie schien sein Wesen Dir?

Gärtner.

Er blickte heiter,
Wie eine Lilie, die vom Thau der Nacht
Gebeugt, zum Sonnenstrahl ihr Antlitz hebet,

Der ihre Thränen küßt. Mich deucht, ich sah
In seinem Blick den Wiederglanz der Gnade,
Womit des Königs Freudentag den Armen
Beglückt.

Antipas.

Nicht blos der Feiertag; ich denke,
Er sei auch dessen werth.

Gärtner.

Fürwahr er ist es,
Wenn mich mein Aug' und Herz nicht trügt.

Antipas.

Wie meinst Du?

Gärtner.

Ich richte nur nach meines Amtes Weise.
Mein Auge prüft der Pflanzen Art und Tugend.
So prüf' ich auch des Menschen Sinn und Sitte.

Antipas.

Nun, welchem Baum vergleichest Du den Fremdling?

Gärtner.

Der hohen Ceder oder edeln Palme.

Antipas.

Nicht seine Tugend führt' ihn nach Machäron.

Gärtner.

Nicht mir geziemt des Mannes That zu richten,
Sein Aeußres richt' ich nur nach meiner Einfalt.

Antipas.

So fahre fort.

Gärtner.

Der Palm' und Ceder Schatten
Erstickt leicht das niedere Gewächs
Und Blumenbeet, das thöricht seinen Sitz
An ihrer Wurzel nahm. Doch bleiben beide,
Die Palm' und Ceder, stets des Herren Bäume.

Antipas, vor sich.

Seltsam, daß überall, wo man ihn fragt,
Des Volkes Sinn dem ernsten Menschen huldigt,
Und Fürst und Priester ihn allein verdammen — — —
Ist dieß der Wahrheit Kraft und Weise? — Laut. Sprich,
Wer waren die, so ihn begleitet?

Gärtner.

Freunde
Und Jünger! Also schien's. Wie Kinder hingen
Sie all' an seinem Blick und jedem Worte — —

Antipas.

Vernahmst Du, was er sprach?

Gärtner.

Ich lauscht' ein wenig
Verdeckt vom Laub, da hört' ich fromme Reden
Von Gott, von Leben, Tod, von einem Retter,
Der bald in hoher Kraft erscheinen solle —

Antipas.

Geh, ruf ihn her. Ich selber will ihn sehen.

Gärtner ab.

Antipas

für sich, im Garten wandelnd und die Gewächse betrachtend.

Fürwahr, ein glücklich Loos hat solch ein Gärtner!
Er ist ein König zwischen seinen Pflanzen. —
Welch schönes Reich! Hier wohnt ein ew'ger Friede,
Hier kann nicht Neid noch Trug und Bosheit walten.
Die Rose blüht von Lilien umgeben,
Und neben dem Granatbaum grünt die Mirte
In stiller Eintracht — ringsum wogt unsichtbar
Ein sanftbewegtes Meer von zarten Düften,
Die Wellen gleich des Gärtners Haupt umspielen,
Wenn seinen Pfad unschuld'ge Blumen schmücken. —
O Sidons König, warest du beglückter,
Als du den Thron um deinen Garten tauschtest? — —
Da kommt er selbst. O welche Würd' und Hoheit!

## Antipas. Johannes.

Johannes.

Mein Herr und Fürst, ich danke Deiner Gnade,
Die auch in Banden Freiheit mir gestattet.

Antipas.

Ich ehre Dich und Deine Weisheit; schmerzlich
Ist Dein Gefängniß meinem Sinn und Herzen.

Johannes.

Was hindert Dich, die Bande ganz zu lösen,
Und mir das freie Licht und Wort zu gönnen?

Antipas.

Dein freies Wort.

Johannes.

Du schlägst es nicht in Fesseln.
Nur freier wandelt's, wenn der Mund gebunden —
Die Wahrheit ist aus Gott; sie kehrt nicht wieder,
Bis sie vollbracht, wozu sie Gott gesendet.
Gleichwie der Thau nicht zu der Höhe kehret,
Bis er das Land getränkt nach Gottes Willen.

Antipas.

Was ist denn Wahrheit?

Johannes.

Fürst, das sage Dir
Dein eigen Herz!

Antipas.

Mein Herz? —

Johannes.

Trägst unterm Purpur
Ein andres Du, als Dein geringster Diener?

Antipas schweigt.

Johannes.

Sag, kannst Du ihm, o Fürst, gebieten, daß es
Dir klopf' und stille steh' nach Wink und Willen?

Antipas schweigt.

Johannes.

Dein inn'rer Mensch hat auch sein Herz, o König,
Es klopft! — Sein Klopfen ist Jehovahs Finger,
Sein leises Wort Jehovahs Wort! — O streite
Dagegen nicht! Du streitest wider Gott,
Und tödtest Dich, Dein eignes, inn'res Leben. —
Die Furcht vor Gottes Stimm' in Deinem Herzen,
Das ist der Wahrheit und der Weisheit Quelle.

Vernimm den ernsten Spruch des weisen Königs:
Dein Herz behüte, daraus geht das Leben!

Antipas.

Ein andermal will ich Dich weiter hören.

Johannes.

Du hast an Gott geglaubt. Gedenke mein,
Du wirst, o Fürst, dem Glauben nicht entrinnen.

Ab.

Antipas allein.

Nach einer Pause.

Er ist Elias! — Ja, das Volk hat Recht,
Des alten Sehers ernster Geist bewohnet
Des Mannes Hochgestalt. — Wie wunderbar! —
Als ob Er König wär', ich sein Gefangner — —
So steh' ich vor ihm. — Cäsars Thron und Purpur
Und seines Adlers blitzbewehrte Klauen
Erfüllten mich nicht so mit banger Ehrfurcht,
Als dieses Menschen Blick —. Doch blickt' er freundlich —
Sein Wort klingt sanft, doch dringt's mir durch die Seele,
Wie wenn ein Blitz in dunkeles Gewölbe
Herniederfährt. — Ist das der Wahrheit Kraft,
Die heftiger den Sträubenden ergreift?
„Es ist nicht Recht, daß du des Bruders Weib hast?" —
Verwünschtes Wort! — O hätt' ich dieses Wort
Nur nicht gehört! — Hätt' ich's verlacht — bespottet —
Vom kühnen Schwärmer, wie vom kecken Wahnsinn,
Mich weggewendet! — Ihn umschließt ein Kerker,

Weil seine Zung' es sprach — und Tod bedroht ihn — —
Was ist ein Wort? — Ein leerer Hauch! und doch
Verfolgt es mich, gleichwie ein Plagegeist,
Im Traum' und Wachen. — Was mich selbst zum Schweigen
Verdammet, kann des Kerkers Kett' es hemmen?
Nur lauter wird es mir entgegen klirren,
Gebôt' ein Schwerdt ihm ewig Schweigen, würde
Nicht jeder Tropfen seines Bluts zur Zunge,
Die tausendfach mir rief: Es ist nicht recht!
Es ist nicht recht, daß du des Bruders Weib hast —
Bei Gott, er darf — — Johannes soll nicht sterben!

Ab.

# Dritte Handlung.

Feldlager des Königs von Damask. Gezelt des Königs.

König Aretas. Zwei Feldherren. Ein königlicher Diener. Hernach Arete.

König.

Jetzt gebt dem Heere Rast, dann führet aus,
Was ich gebot! Verheeret, sengt und plündert,
Damit das Volk des Frevlers Lust verfluche,
Die solches Unheil Tausenden gebar.
Gerecht ist unser Zorn. Des Krieges Uebel
Mag er, der ihn gewollt, samt seiner Schuld
Und seines Volkes Fluch und Seufzer tragen! —
Es wird uns selbst des Landes Vesten öffnen.

Diener.

Ein Jüngling, Herr, ist draußen und verlangt
Des Königs huldreich Angesicht zu schauen.

König.

Führ' ihn herein.

Arete, in Jünglingskleidern.

König.

Wahrhaftig, seht mein Kind!
Was willst Du hier? Der Waffen wild Geklirr
Tönt minder sanft, mein Kind, als Deine Harfe.
Was hat zum schlimmen Tausch Dich denn verleitet? —
In Jünglingskleidern! — Sprich, was führt Dich her?

Arete.

Ach, Vater, laß vor Deinen Augen Gnade
Mich finden! — Hört mein Flehn! verschont des Volkes!
O laßt es nicht die Schuld des Fürsten tragen.

König.

Pah! ist es das, was Dich der Mutter Kammer
Entzog? So geh' und mach' Dich fort zur Heimath!
Dahin gehört der Weiber Klag' und Wimmern.

Arete.

Bin ich denn nicht des Vaters einz'ge Tochter? —

König.

Drum eben, Kind, weil ich Dich liebe, soll
Treuloses Blut des eignen Schmach versühnen!

Arete.

Des Volkes Unschuld büßt des Fürsten Sünde!

König.

So ist des Schicksals Weg! Wer mag ihn ändern?

Mein Zorn ist Gottes Geißel. Wie der Hirt,
Also die Heerd'. Ein Volk, das solchem Wicht
Gehorcht, verdienet ihn, und theilt sein Schicksal.
Es strafe den Tyrannen, und verbünde
Sich wider ihn; dann ist der Krieg am Ende,
Und nur Machärus und Herodeum,
Die finstern Höhlen des verwünschten Räubers,
Verzehrt der Sühne rothe Flammensäule.

Arete.

Indeß zerstört der Krieg das Heil von Tausend,
Und Thränenströme folgen Euren Schritten! —
Und dieses, ach! um eines Weibes Willen,
Die gern allein, denn so geziemt es uns,
Des Herzens Kummer im Verborgnen trüge.

König.

Das thu' und geh! — Denn zu des Krieges Schritten
Paßt nicht des Weibes Gang. Drum geh! — Wo nicht,
So bleib' und zeige Dich des Fürstenstammes,
Dem Du entsprossen, und des Vaters würdig —
Dann preis' ich Dich!

Arete.

Und wie? mein Vater.

König.

Nimm
Zum männlichen Gewand des Mannes Waffen,
Laß vor uns her des Sieges Fahne wehn!

Frohlockend folgen Dir die muth'gen Schaaren —
So räche Dein Geschick! —

Arete.

Mein Vater, nein!
Nicht Rachsucht wohnt in meinem Herzen. Still
Und mit Geduld will ich mein Schicksal tragen —
Müßt' ich nur nicht des Landes Loos beweinen,
Das ohne Schuld mein Unrecht büßt und theilet.

König.

So ist der Weiber Art! — Nun geh und weine!
Fast glaub' ich gar, Du liebst den Bösewicht ...

Arete.

Er ist kein Bösewicht! Er ist verführt,
Verblendet, und ein Werkzeug blinder Ehrsucht —
Des Vaters Krone soll — er wünscht, sie will es —
Das Haupt ihm zieren.

König.

Darnach auch Damaskus
Ihm huldigen! — Du wirst dann seine Magd,
Und ich, nicht wahr? sein Knecht! — Laut. Zum Streit,
Ihr Krieger!

Erster Heerführer.

Zum Streit! — Fürwahr, wer solche Huld gekränkt,
Mit schwerem Fuß Damaskus schönste Rose
Zertrat, und streckt er auch die Räuberhand nicht

Nach fremdem Gut, verdient des Schwerdtes Schärfe
Zu prüfen! Sein die Schuld! Frisch auf zum Kampfe!

Zweiter Heerführer.

Arete sei des Kampfes Ruf und Losung!

Arete.

Nein! ich beschwör' Euch, nicht im Kriegsgetümmel
Nennt meinen Namen, daß des Volkes Fluch
Nicht die Verstoßne treff', und aller Jammer,
Der meinetwegen dieses Land erfüllt,
Mich drücke! Nein! — Ihr Männer hört mein Flehen! —
Ach, laßt das Heer der Unschuld Hütte schonen!
Den Frevel mag des Schwerdtes Schärfe treffen! —
Gebt Friede, wenn Herodes sein begehrt!

König.

Und Dich dazu!

Arete, mit Würde und Schmerz.

O Gott! Kann auch mein Vater
Mich so verkennen und des Blutes spotten,
Das dieses Herz bewegt?

König, mit sanfter Stimme.

Mein Kind, so kehre
Denn nach Damaskus! Alles wird sich finden. —
Wo hast Du Dein Geleit? — Sei nur getrost!

Er küßt sie.

Geh nach Damask, mein Kind. Gehab Dich wohl!

Arete.

Lebt wohl, mein Vater, ach! und habt Erbarmen!

Ab. Die beiden Heerführer begleiten sie auf den Wink des Königs.

König allein.

So hart gekränkt und doch so gut! — Wie dringet
Der Wahrheit sanfte Stimm' aus solchem Munde
So tief ins Herz! — Wie selten hören Fürsten
Ihr freies Wort! Sie schweiget in Pallästen,
Und schlummert ein auf goldgesticktem Polster,
Betäubt vom süßen Gift der bunten Lüge —
Doch leis' und schreckhaft ist, wie Königsschlaf,
Ihr Schlummer; sie erwacht; auf ihren Ruf
Erhebt den blut'gen Kamm des Busens Schlange — —
Hinweg von mir! ich höre — — warum büßt
Das arme Volk der Herrscher Schuld? . .

Die beiden Heerführer kommen zurück.

Vernehmt!
Nicht ferner soll das Schwerdt, wie vorhin, wüthen,
Verschont des Landes, nur die Vesten stürmt,
Bis wir Machärus und Herodion
Erreichen. Darauf spart des Heeres Kräfte!

Ab.

Lager vor dem Gezelt des Königs Aretas.

## Zwei Hauptleute.

Erster Hauptmann

tritt auf mit einem mit Beute beladenen Trupp, der sich zerstreut, und setzt sich zu dem andern Hauptmann vor dessen Zelt.

Das war ein heißer Tag! Er wischt sich den Schweiß. Sei
mir gegrüßt!
Der Krieg ist doch ein lustig Ding!

Zweiter Hauptmann.

Ein Ding?
Ein Drache, der aus seiner Höhle kriecht,
Aus seiner Hölle könnt' ich passend sagen —
Und wo er kriecht, ersterben Gras und Halme,
Er sperrt die Klauen, dehnt den weiten Rachen,
So kriecht er gierig kriegend und verschlingend.

Erster Hauptmann.

Dein Witz, mein Freund, umkriecht des Wortes Wurzel,
Gleich einer Schnecke, die des Libans Ceder
Nicht schauend, um den kahlen Boden kümmert.
Gieb Flügel ihm und schweb' empor zum Gipfel!

Seit Weltbeginn war Krieg, und Krieg wird seyn,
Bis auf Jehovah Zebaoths Gebot
Der Elemente Krieg ihn wird vertilgen.

Zweiter Hauptmann.

Wohl mag es seyn! Nur droben wohnt der Friede!

Erster Hauptmann.

Nun ja, im siebten Himmel! Krieg ist unten.
Die Wolken kriegen in der Veste Räumen
Und spalten sich mit Blitz und Donnerkeilen,
Des Meeres Wogen schlagen sich und kämpfen,
Und ihre Waffenruh ist neue Rüstung
Zu neuem Streit. Muß nicht der Mensch durch Kampf
Sein Brod der Scholl' abzwingen? Ist der Pflug,
Der sie durchwühlt, nicht auch ein schneidend Schwerdt?
Der Adler würgt die Taube; fromme Lämmer
Sind, also wollt' es Gott, des Löwen Beute.

Zweiter Hauptmann.

Seitdem die Schlange Satans Werkzeug ward,
Kreucht sie auf ihrem Bauch und frisset Erde. —

Erster Hauptmann.

Genug! der Krieg ist Krieg — ein heilsam Fieber
Im Eingeweid' und Blut der kranken Erde.

Zweiter Hauptmann.

Wohl tollt in ihm des Fiebers Wuth und Wahnsinn.

Erster Hauptmann.

Was hilft's! Wir sind einmal des Krieges Knechte.

Zweiter Hauptmann.

Der Fürsten Knecht' und ihrer Ehrsucht Werkzeug,
Der Menschheit Geißel und Jehovahs Ruthen . . .

Ein Fremder tritt ein.

Wer bist Du, Fremdling? Was ist Dein Begehr?

Fremdling.

Ich bin ein Sproß von Babas edlem Stamme,
Und will mit Euch Herodes Haus bekämpfen.

Erster Hauptmann.

Von Babas Stamm?

Babas.

Ja, mein Großvater fiel
Im Thor Jerusalems, die letzte Wehr,
Der schnöden Herrschbegier des Idumäers
Entgegenstrebend. Babas Söhn' erwürgte
Des Wüthrichs Schwerdt, mein Vater nur entrann —
Er starb, ein treuer Freund der Asmonäer.
Des Vaters rühm' ich mich und seines Geistes

Zweiter Hauptmann.

Der Geist der Rache spornet Dich zum Kriege.

Babas.

Nicht der allein, vielmehr der Geist der Zeit,
Der hoffend jetzt sein Haupt erhebt.

Zweiter Hauptmann.

Mich deucht,
Sein Haupt erhebt allein der Weltbeherrscher
Zu Rom — und jeder Fürst, Satrap und Landvogt
Strebt, unter ihm den Scheitel zu erheben,
So gut es geht. So triffst Du eine Kette
Von Knechten — Roma heißt das erste Glied.
Wir Kriegesknechte schmieden neue Glieder! —
Ist das Dein Zeitengeist — so sei willkommen!

Babas.

Nicht also, Freunde! Es erwacht ein andrer,
Ein neuer Geist! Er kommt von Gott, und wird
Die alte Welt zur neuen umgestalten.

Erster Hauptmann.

Rühmt auch Dein Stamm sich des Prophetengeistes?

Babas.

Nicht ich! am Jordan steht der Gottgesandte!
Er nennet sich der Wüste Stimm' und predigt:
Der Freiheit und des Himmels Reich sei nah,
Es liege schon die Axt am faulen Baume!
Der Schilo werde bald das Zepter nehmen.

Erster Hauptmann.

Und was hat unser Krieg mit Deinem Schilo
Und Freudenreich zu thun?

Babas.

Erst muß der Thron
Des Idumäers und sein Haus zerfallen!
Der Krieg erzeugt den Krieg . . .

Zweiter Hauptmann.

Muß denn Dein Gott
Zuvor mit Menschenblut die Erde düngen,
Damit sein Himmelreich darauf erwachse?

Babas.

Durch Kampf und Streit und Wüsten führt der Weg
Nach Kanaan. Das alte muß vergehn,
Ein neu Geschlecht ererbt das Land des Friedens. —
Ich biet' Euch meinen Arm. Gebt mir ein Schwerdt,
Und laßt auch mich zur Saat die Furchen reißen!

Erster Hauptmann.

Nun, ein Prophet gebrach noch unserm Heere.

Zweiter Hauptmann.

Willkommen Freund! Komm' und empfang die Rüstung!

Ab in das Gezelt.

Freies Feld, auf einem Hügel ein Baum,

unter demselben:

Arete. Sarah, ihre Amme. Ein alter Diener.

Arete.

Johannes, sagst Du, heißt des Mannes Name?

Sarah.

Johannes.

Arete.

Und am Jordan in der Wüste
Da predigt' er und aß der Wildniß Speise,
Heuschreck' und Honig, trank des Jordans Wasser?

Sarah.

Wie kann Dich das, o Fürstin, so — erfreun?

Arete.

Erfreun! Du sagest recht.. Des Mannes Bild
Im härenen Gewand, der Wahrheit Zeuge,
Steht vor mir groß und hehr, doch auch erfreulich. —
Es ist doch schön, der Erde Gunst und Lust
Verschmähen und aus freiem Muth entbehren.

Sarah.

Dem, der entbehrt, mag's doppelt groß erscheinen.

Arete.

Wohl, Sarah! — Sprich, was that er in der Wüste?
Ich bitte Dich, erzähle mir —

Sarah.

Er lehrte.

Arete.

Wer mocht' ihn hören in der Wüste? Rede!

Sarah.

Das Volk Jerusalems und jener Gegend.
Sie strömten zu dem Gottesmann — so nennt
Der Pöbel ihn —

Arete.

O nenne nicht das Volk,
Das noch an Gott und Gottes Boten glaubt,
Nenn' es, ich bitte Dich, nicht Pöbel, Sarah! — —
Was lehrt' er denn?

Sarah.

Es sei verderbte Zeit —
Das Unrecht herrsche, und die Lieb' erkalte,
Denn von des Lebens Licht und Sonne wende
Der Mensch sein Herz; drum werde Gott die Welt
Heimsuchen, wenn sie nicht in ernster Buße
Zu neuem Sinn in Glauben sich bekehre.

Arete.

Wohl hat er Recht! Muß ich, die Königstochter,
Nicht auch mein Theil der ernsten Zeiten tragen,
Der Wüste Pilgrim? Doch ich trag' es gern;
Es wird gewiß zu größerm Heil mir frommen.
Was lehrt' er sonst noch, Sarah?

Sarah.

Wer zween Röcke
Besitzet, sprach er, theile mit dem Armen!

Arete.

Fürwahr ein Gottesmann! ein Herz voll Liebe!

Sarah.

Zu unsern Kriegern, die aus Neugier ihn,
Vielleicht aus Ehrfurcht auch ihn fragten, sprach er:
Begnüget euch an eurem Sold, thut Niemand
Gewalt noch Unrecht.

Arete.

Also giebt er jedem
Das Best' aus seinem Schatz voll tiefer Weisheit.
Nicht wahr? — Da kam auch Antipas zum Jordan —

Sarah.

Er hätte wohl gethan, er wäre nicht
Gekommen; ihn empfing das kühne Wort:
Es ist nicht Recht, daß du des Bruders Weib hast.

Arete.

Kühn, aber wahr!

Sarah.

Ihm, der es sprach, verderblich.
Man hob ihn auf. Nun büßt er zu Macharon
Das freie Wort vielleicht mit seinem Leben.

Arete.

O nein, Herodes wird den Mann nicht tödten,
Der frei der Wahrheit zeuget! —

Sarah.

Auch das Weib nicht?
Die, des Gemahls Verrätherin, jetzt Deinen
In Todesstricken zu der Schlachtbank führt;
Die Enkelin des finsteren Tyrannen,
Von dem sie Sinn und Blut und Namen erbte?

Arete.

Du machst mir Angst. Ach, warum sagt' er das? — —
Doch sollt' er nicht der heil'gen Wahrheit zeugen!
Dem Volk sie nur, den Großen nicht verkünden!
Nein! so geziemt' es Gottes Herold, Sarah.
Ich muß den Gottesmann, ich will ihn sehen.

Sarah.

Behüte Gott! im Kerker zu Macharon!

Arete.

Besorge nichts! Nicht fern, am todten Meer'

In schauervollem Thal — mir dünkt es lieblich —
Wo sieben Städte ruhn in todter Salzfluth,
An dessen Ufern nie ein Vogel singt,
Noch sich ein Nest erbauet, ragt die Wohnung
Der Brüderschaft, die sich Essäer nennen.
Ein frommes Volk, verschmähend jede Lust,
Die nicht von oben kommt. Es sagt, zur Freude,
Dich mag ich nicht! zum Lachen, du bist toll!
Ernst ist der Männer Stirn, voll Lieb' ihr Herz.
Ein Kleid, so weiß wie Schnee, ist ihr Gewand,
Des reinen Sinnes Bild und ihres Wandels.
Der Fremdling findet immer Brod und Obdach —
Da können wir des Mannes uns erkunden,
Und ihn vielleicht aus seinen Banden retten.
Das steht in Gottes Hand. Ich aber will
Zum letzten Mal Machärons Veste sehn — —
Kein Widerspruch! — Dich, Sarah, nenn' ich Mutter,
Und Du mich Sohn! — Ich bin der Gegend kundig!

Ab.

## Pallast zu Machärus.

### Antipas. Der Hauptmann Pollio.

Antipas.

Du sahst ihn, Pollio?

Pollio.

Ich selber brachte
Den gnädigen Befehl, ihn aus dem Kerker
Ins andre freiere Gemach zu führen.

Antipas.

Und wie empfing er unsre Huld und Gnade?

Pollio.

Mit stillem Dank. So ist des Mannes Wesen.
Sein Antlitz gleicht dem bergumstarrten See,
In dem vereint sich Erd' und Himmel spiegeln.
Des Sturmes Fittich kann ihn nicht berühren,
Er kräuselt nur des Spiegels Silberfläche
Mit sanftem Wehn. So ist des Mannes Seele.

Antipas.

War er allein, als Du die Botschaft brachtest?

Pollio.

Zween seiner Jünger, dafür hielt ich sie, —
Denn Lieb' und Ehrfurcht sprach aus ihren Blicken —
Sie fand ich dort. Als ich des Königs Huld
Verkündete, da füllten ihre Augen
Thautropfen, so wie wenn die Morgensonne
Auf Karmel scheinet. Des Trabanten Weib
Und Tochter — beide waren mir gefolgt —
Erzitterten und schluchzten laut vor Freude.
Ja seltsam ist, wie dieser ernste Mann
Mit einem Blick sich Lieb' und Furcht gewinnet.

Antipas gerührt, schweigt eine Weile.

Wohl hast Du Recht. — Nun sage mir, wie war ihm,
Als er das freiere Gemach betreten?

Pollio.

Er sah umher mit einem Blick, der seltsam
Mein Herz bewegt' — und sprach zu seinen Jüngern,
Die Arm' ausbreitend: Hier vermag der Fittich
In lichtem Raum sich kühner zu entfalten,
Und, wenn der Morgen naht, empor zu schweben.

Antipas.

Wie deutest Du den Sinn der dunkeln Worte?

Pollio.

Der Jünger Blick ward trüber. — Tod und Trennung —
So, deucht mir, faßt' ihr Herz des Lehrers Rede.
Er selber schien ein Aar im Strahl der Sonne.

Antipas, nach einer Pause.

Was meinst Du — dürften wir — er hat gefehlt —
Die Majestät verletzt — er ist gefährlich —
Des Volkes Abgott — Nimm, die Galiläer,
Geneigt zum Aufruhr und Empörung —. Glimmt
Der Funke nicht, nur leicht bedeckt, in Asche ——?
Wer wird den Brand, den lodernden, dann löschen?
Erfodert nicht des Herrschers Pflicht und Umsicht,
Dem Wohl des Ganzen Einzelnes zu opfern?
Und diesen Funken, schuldlos an sich selbst,
Jedoch den Keim des Brandes in sich tragend,
Mit festem Fuß und weggewandtem Blick,
Zu dämpfen —? Und — gesetzt, ich ehrte — liebte
Sogar den Menschen, darf ich dem Gefühl
Des eignen Herzens Aller Wohlfahrt opfern?
Sprich, zittert nicht dem Richter auch die Hand,
Wenn er, ein lebendes Gesetz, den Griffel
Des Todes nimmt? —— Was meinst Du, dürfen wir
Zum zweiten auch den dritten Schritt noch wagen,
Und ihn der Bande ganz entlassen? — Rede! —

Pollio.

Nicht mir gebührt, Gesetz und Recht zu wägen.

Antipas.

Was thäte Pollio an meiner Stelle?

Pollio.

O Herr, mich füllt mit Schauder der Gedanke,
Daß dieses hohen, edeln Mannes Blut —

— Ich spreche mein Gefühl — des Königs Wohnsitz
Benetzen soll. Es würd' um Rache schrein,
Und ehr'ne Thor' und Mauern sprengen. Wär' ich
Monarch — Du bist's, mein König! — und Du wirst es —
Ich gäb' ihn frei! — Das ist mein freies Wort.

Antipas.

Ich acht' und ehr' es, und — ich will es wägen.

Pollio ab.

Ein freies Wort —! — Muß mir denn überall
Das kühne Wort — das freie Wort, begegnen? —
Mich überwältigend zu Boden drücken?
Zu innerm Zwiespalt hin und her mich reißen —!
Nicht Roma's Kaiser darf das kühne Wort
Sich nahn — so lebt er frei! — Ich ruf' es selber,
Und schaffe mir der Sorgen Qual und Quelle — —

---

Herodias. Antipas.

---

Herodias.

Sei mir gegrüßt! Mich treibt ein heimlich Sehnen
Zu Dir, mein Antipas. Wohl sollt' ich stets,
So ziemt' es sich, an diesem Freudentage
Bei Dir und um Dich seyn, mich Deines Anblicks
Erfreun, und, könnt' ich's nur, Dir jeden Pulsschlag
Durch Lieb' erhöhn, Du meines Lebens Leben!

Antipas.

Ach, Freude will mir heute nimmer kommen.

Herodias.

Dich straft die eigne Schuld. Denn Du entweichst
Dem Freudentag', erniedrigst ihn zum Alltag —!
Sah' ich nicht eben jetzt den finstern Hauptmann
Aus Deinem Zimmer gehn? Du lockst den Trübsinn
Zu Dir heran. So trübst Du Deine Seele. —
Was hast Du denn? Was sinnst Du, mein Geliebter?
So schütte doch Dein Herz in meinen Busen!
Ich löse, traue mir, Dir jeden Gram,
Und freudig kommt der lichtbekränzte Abend.
So rede denn! Von wannen dies Gewölk?
Mein Blick und Wort soll Sonnenschein Dir bringen.

Antipas.

Wir sprachen — Du erräthst es — von dem Täufer.

Herodias.

Und da — nicht wahr? erweichte sich Dein Herz?
Das gute, weiche Herz! Ich würde lachen,
Mein Freund, wenn nur nicht Deine Traumgebilde
Die Stunden Dir verkummerten. Fürwahr,
Du bist ein Thor, weil Thoren Dich umgeben —
Sag, soll ich Dir des eignen Herzens Dunkel
Enthüllen und der Augen Zauber lösen?

Antipas.

Ja, fahre fort, Geliebte, mich erquickt
Dein liebend Wort und Deines Geistes Fülle!

Herodias.

Schmucklose Wahrheit sollst Du von mir hören!
Nur spotte nicht — denn sieh, mein lieber Kastor
Und Pollux — o, Du giltst mir ja für beide,
Bist meines Lebens Heil und Stern und Retter —.

Antipas.

Nicht wahr, des Götterpaars Erscheinung deutet
Auf Heil? Du kamst mit ihnen, so erwart' ich
Viel Glück . .

Herodias.

Wohlan, ich red' in Römerweise —
— Bald sollen, hoff' ich, sie nach unsrer reden —
Vom Ei der Leda muß ich heut' beginnen,
Vernimm zuerst ein Wort von Deiner Mutter.

Antipas.

Kleopatra! — sie hatte trübe Tage.

Herodias.

Ja wohl, mein Freund, und diese sind die Quelle,
Woraus Dein eigner trüber Sinn entsprungen.

Antipas.

Des Erbstücks hätt' ich wohl mich nicht zu rühmen!

Herodias.

Der Mutter Pflege bildet wie des Lebens,
So des Gemüthes ersten Keim im Kinde.

Sie, eines frommen Priesters einz'ge Tochter,
Beschränkt von Jugend auf, im Vaterhaus'
Erzogen, fromm und still, der Welt unkundig,
Ward sie — die Götter mögen wissen, wie? —
Des Mannes Weib, vor dessen Blick und Wink
Judäa zitterte, der klug und schnell
Die Zeit ergriff und ihren Flug beherrschte.
Groß hieß Dein Vater, seines Namens würdig,
Doch sie, die Gattin, war wie — Semele,
Als sie den Donnerer zu schaun begehrte.

Antipas.

Ach, Liebe, spotte nicht der frommen Mutter!

Herodias.

Ich spotte nicht — ich rede nur die Wahrheit —
In Angst und Zittern schwanden ihr die Tage,
Als unterm bangen Herzen sie Dich trug
Und Dich gebar —

Antipas.

Das war des Vaters Schuld!
Oft war er hart!

Herodias.

Dem Fürsten ist das Schwerdt,
Des Zepters Bruder, auch von Gott gegeben.
Mit diesem lenket er, ein Zeus, sein Reich,
Und jenes tilgt, sein Blitzstrahl, die Titanen.
Zeus Bild ist nur, wer beide kräftig führt.

Antipas.

Du Römerin, wozu die Heidengötter?

Herodias.

O laß nur heut' der Zunge freies Spiel!
Die Freude macht beredt, die weite Welt
Gehöret ihr! — So schwärmt sie zum Olymp.
Einst bringt die Römerin von Roma Heil,
Wenn wieder Rom und Sion sich befreunden
Und sich Judäas Stämme vor Dir neigen. —

Antipas.

Du hoffest kühn —! Und nun der Mutter Schwäche,
Des Vaters Ernst? —

Herodias.

Sieh, wenn ein Tropfen Bluts
Zum Wohl des Ganzen floß, dann klagt' und weinte
Die Priestertochter, saß in Sack und Asche,
Verkümmerte dem Mann sein Fürstenleben — —
Nun ward er hart und zog die dunkeln Brauen
Beim Anblick ihrer roth geweinten Augen.
Sie aber floh ins stille Schlafgemach,
Mit Dir, und las des Sehers Klagen, seufzte:
Ach Blut! mein Sohn, vergieße niemals Blut! —
Hast Du nicht selbst, mein Herz, mir so erzählet?

Antipas.

So war es, ja! — Doch willst Du sie verdammen?

Herodias.

Nicht Deiner Mutter frommen Sinn! ihn ehr' ich,
Doch ihre Schwäche nenn' ich Schwäch' und Thorheit.

Antipas.

Das alte Wort: Wer Menschenblut vergießet ....

Herodias lächelnd.

Da hör' ich ja die Mutter, mein Geliebter,
Nicht Dich, den König — Jovah's Ebenbild! ——
Schlug nicht der Herr die Erstgeburt Aegyptens?
Was hatte denn die Erstgeburt verschuldet?
Was meinst Du? — Hat die Recht' auch ihm gezittert,
Als Kana'ns Todesspruch von seinem Thron
Erging? als um sein Zelt die Völker starben?
Als er um eines Königs Fehl die Pest
In Israels schuldlose Hütten sandte? —

Antipas.

Dein kühnes Wort, o Weib, klingt wie Deborahs!

Herodias.

Sag lieber, Gottes Wort! — Doch Dir, Tetrarch
Von Galiläa — zu Judäas König
Ersehn, Dir tönet nur der Mutter Seufzen
Im Herzen noch. Vielleicht noch find' ich Dich,
Eh' sich der Abend neigt des Freudentages,
An dem, bis auf Machärons Finsterlingen,
Dein ganzes Volk des guten Königs Namen
Frohlockend preist, Dich selbst in Trauerkleidern,

Und statt des Diadems, statt Kränz' und Salben,
Dein fürstlich Haupt bestreut mit Staub und Asche!

Antipas.

Was macht mich dieses bittern Spottes würdig?

Herodias.

Ich rede nur, was Deine Feinde wünschen. —
Du weißt nicht, daß Dein Hauptmann bittern Groll
Im Herzen trägt! Er haßt, was von Herodes,
Dem Großen, stammt, der seinen Vater schlug,
Wie er verdient. Drum säh' er Dein Geschlecht
Gern untergehn, des Volkes Hohn; ihm kocht
Im Herzen Wuth, in seinen Blicken droht
Der langverschloßnen Rache stilles Brüten —
So geht er suchend, wie ein Löw', umher,
Und harrt des Augenblicks — drum ist der Schwärmer,
Der Volksaufwiegler, der Empörer ihm
Ein theurer Freund. — Nicht wahr, er spricht,
In dem Gefangnen wohn' ein eigner Geist —
Sein Wesen sei nicht andrer Menschen Wesen —
Sein Angesicht umglänze Ruh' und Würde —
Sein sehnend Auge blicke still gen Himmel —
Geduld und Sanftmuth wohn' auf seiner Stirn,
Und jedes Wort durchdringe Herz und Nieren — —
Nicht wahr! so und dergleichen sagt Dein Hauptmann?

Antipas.

Du hast's errathen — doch ich selber fand

Des Hauptmanns Wort nicht ohne Grund und Wahrheit —
Ich sah Johannes selbst —

Herodias.

Und fandest ihn,
Wie jener ihn beschrieb? — O heil'ge Einfalt! —
Soll denn im Kerker auch der Meuter toben?
Empörung pred'gen, da wo Kett' und Riegel
Ihn hemmen, Schwerdter dräun . . .

Antipas.

Indeß beharret
Er unverrückt auf seinem Ausspruch, redet
Kein einzig Wort, das Gnad' ihm und Befreiung
Gewähren könnte — —

Herodias.

Fein, gar fein gesponnen!
Der Kluge kennt Dich besser, als Du selbst —!
Dein klares Wesen hat er leicht durchschaut,
Und siehet, wie Dein weiches Herz sich sträubet,
Das zu vollziehn, was Dein Verstand begonnen.
Leicht merkt er auch — wer säh' es nicht? die Scheu,
Die Dich erfüllt, wenn er als Gottes Bote
(So nennt sich jeder Schwärmer und Betrüger)
Auftritt, und — laß, mein trauter Antipas,
Mich alles kühn Dir sagen — sieh, er weiß,
Daß wir an andern das vor allem ehren,
Was — zürne nicht! — uns die Natur versagte. —
Geliebter Mann, Du meines Herzens Leben,

Du bist nur Lieb' und Huld — Du möchtest gern
Die ganze Welt beglücken — darum häng' ich
Mit hoher Lieb' an Deinem Herzen —. Aber,
Dies Herz voll Huld, des Himmels schönste Gabe,
Dies Herz ist Schwäche, wenn Du Deine Würde
Vergiebst! — Du bist des Landes Haupt und trägst
Zum Zepter auch das Schwerdt. Das Haupt soll herrschen!
Drum hat es Gott erhöht; dem Herzen gab
Im untern Raum der Schöpfer seine Stäte,
Wo er das Weib aus Adams Rippe schuf. —

Antipas.

Du seltnes Weib, wie mengst Du Ernst und Scherz!
Mich nennst Du schwach — das sollst Du mir beweisen.

Herodias.

Nur dann, Geliebter, wenn zur Strenge Dich
Dein Königsamt, zum Richtspruch Dein Beruf
Auffodert, bist Du schwach. Ich weiß, im Kampfe
Für Thron und Land — Du wärst ein Josua
Und Gideon; Du würdest muthvoll streiten. —
O wärest Du im Kleinen, wie im Großen —
Vermöchtest Du die Schlange, die Dir droht,
Wovor Du jetzt, wie Moseh, schüchtern fliehst,
Zu fassen, daß sie Dir zum Stab sich wandle —!
Wo nicht, so wird Dein weggeworfner Stab
Zur Schlange Dir —

Antipas.

Wo hätt' ich denn so schwach
Gehandelt? Sag' es frei!

Herodias.

Hast Du dem Schwärmer
Nicht viel zu viel gethan, daß Du dem Kerker,
Den zehnfach er verdienet, ihn entzogst?

Antipas.

Das weißt Du schon?

Herodias.

Willst Du es mir verhehlen?
Geliebter, sieh, ich schweb' um Deine Schritte
Und um Dein Leben, nicht nur, als Dein Schutzgeist,
Ich leb' in Dir — ich wohn' in Deinem Herzen,
Und spähe jeden Wunsch in Deiner Seele.
O liebtest Du mich halb, wie ich Dich liebe! — — —

Geräusch an der Thür.

Antipas.

Was ist? Wer kommt herein?

Ein Krieger von Malchas hereingeführt.

Malchas.

Verzeihet gnädig!
Der Botschaft Eile machte mich so kühn,
Unangemeldet mich dem Thron zu nahen.

Herodias.

Was bringet Ihr?

Malchas.

Ich wollt', es wäre Heil!
Der Bote selbst mag, was er bringt, erzählen.

Herodias.

So rede denn!

Krieger.

Mich sendet Alexander,
Wie auf des Sturmes Flügeln sollt' ich eilen.

Herodias.

Das thu' auch jetzt!

Krieger.

Heuschreckenschwärmen gleich
Sind Araber in unser Land gefallen.

Damaskus König, seiner Tochter Schmach,
So sagt des Krieges bittere Verkündung,
Zu rächen, zieht an ihrer Spitze. Städte
Und Dörfer zehrt der Flamme Wuth, das Heer
Zertritt mit wildem Fuß des Landes Hoffnung;
Die Menschen flüchten in Gebirg' und Klüfte.
Arete ist der rohen Räuber Losung;
Herodeum, Machärus, also spricht
Ihr wilder Trutz, sind ihres Strebens Ziel,
Aus beiden soll die Feuersäule lodern!

Herodias.

Genug, mein Freund! — Gottlob, das freche Wort
Ist nicht die That! Und nun, was will Dein Feldherr?

Krieger.

Er wünscht Verstärkung, Hülfe, Rath und Waffen.

Herodias.

Du häufst die Wort', als ob des Feindes Faust
Dich schon beim Schopf ergriffe. Hülfe wird
Der König senden! Geh!

Krieger vor sich.

Welch eine Löwin,
Voll Wuth und Ruh' ist dieses Weib! —

Ab.

Antipas.

Und nun?
Was sagst Du jetzt?

Herodias.

Was ich schon längst Dir sagte.
Aretas sinnet bloß, sein Land zu mehren.
Wie seiner Wüste Volk begehrt er Beute.
Der Tochter Nam' ist nur ein eitler Vorwand —
Wir senden schnell Verstärkung. Auch der Hauptmann,
Deß treuen Muth Du immer rühmtest, zieht
Zum Kampf und führt die Schaar —

Antipas.

Ich hielt ihn gerne
Zurück —

Herodias.

Es ist ein Werk von wenig Tagen.
Jetzt müssen wir die Treusten senden; heilsam
Wirkt auf das Volk des Mannes Ruf. Sein Ernst
Und finstrer Blick beherrscht die träge Menge.
Auch wird er heitrer Dir zurücke kehren.
Er liebt des Krieges freiere Bewegung
Mehr als der Burg verschloßne Luft und Ruhe. —
Und nun, mein Herz, entweihe nicht durch Sorgen —
Denn schon bewölkt sich Dir die Stirn von neuem —
Den Freudentag! Gieb acht, bald ist Damaskus,
Jehovahs Garten, wo in tausend Strömen
Des Himmels Segen quillt, Dein Eigenthum!
Und so gewiß, als treu mein Herz Dich liebet,
In kurzer Zeit bist Du Judäas König! —
So sei denn frohen Muths und laß Dein Antlitz,
Das theure, mir wie sonst erfreulich leuchten.

Jetzt lass' ich Dich — Vollende das Geschäft.
Dann salbe froh Dein theures Haupt zum Feste!

Ab.

Antipas allein.

Nach einer Pause.

Mich salben! — Ha, unselig Spiel des Schicksals!
Kaum leuchtet mir ein Sonnenblick, so dräut
Gleich hinterher die schwarze Wetterwolke. — —
Muß alle Welt sich wider mich verschwören,
Den Freudentag in Trauer zu verwandeln,
Und mit sich selbst mein Inneres entzweien? — —
Krieg! — und des Krieges Losung sie — Arete! — — —
Ein neuer Stachel in mein wundes Herz. —
Die eine Schuld und Strafe löst die andre
Nur ab zu frischer Qual. Als ob ich selbst
Das Dunkel wäre, schneidet mich das Licht. —
Auch deine Red', o Weib, ist Kunst und Täuschung. —
Steh' ich allein, so wank' und zag' ich wieder.
Nein, nein! Herodias, auch dich verblendet
Die Leidenschaft — — Bei Gott, nicht Wahn und Schwachheit
Ist, was mich quält. Des Herzens Fieber schärfet
Des innern Auges Blick — Ich seh und fühle
Die Schuld, die auf mir lastet; wie ein Schrecken
Verfolgt mich des Gefangnen Fluch und Unschuld! —
Hier liegt des Jammers Quelle! — Darf ich Sieg
Und Freude hoffen, während über mich
Ein Heiliger in Banden seufzet? Sind
Nicht Krieg und Kriegsgeschrei des Rächers Ruthen? —

Nein! — mir und ihm will ich die Fesseln lösen! — Entfliehen soll er. Er öffnet die Thür. Gehet, rufet Marcus!

---

Antipas. Salome einen Blumenkranz überreichend.

---

Salome.

Nimm diesen Kranz, mein König und mein Vater,
Und laß der Blüthe stillen Duft Dir sagen,
Was ohne Wort' ein kindlich Herz empfindet.
Dem Quell so vieler Huld und Güte kann
Ich Arme nur des Dankes Bilder opfern.

Antipas.

Ich danke Dir, mein Kind! Du überstrahlest
Den schönen Kranz; Dein Antlitz leuchtet Freude.

Salome.

Wie sollt' es nicht am hohen Freudentage
Des Gütigen, der mir so viel gewährt.

Antipas vor sich.

Der Mutter reitzend Bild voll Würd' und Schönheit! —
Laut und den Kranz erhebend.
Ein Kranz ist schöner noch als eine Krone.

Salome.

Der Kranz verwelkt; doch nie wird Lieb' und Dank

In Salome verwelken. Zwar vermag
Der Blüthenzweig von seinem Stamm getrennt
Nicht mehr die Frucht zu bringen; desto reicher
Sei dieser Freudentag an Blüth' und Früchten.

Antipas.

Dank Deinem süßen Wunsch, mein Kind! Wenn auch
Die Freude selbst am Freudentage zögert,
Doch ist die Blüthe schön, auch ohne Frucht.

Salome.

Was könnte denn des Königs Herz betrüben?

Antipas.

Nicht immer, liebes Kind, ist Glanz auch Freude.
Auch Fürsten haben ihre Müh' und Sorge;
Jetzt ist es Krieg.

Salome.

Dem folget Sieg und Friede.
Krieg hatten stets die Mächtigen der Erde.

Antipas.

Argloses Kind! Du kennest nur das Wort,
Nicht seine Schrecken.

Salome.

Lebte nicht auch Rom
In stetem Kampf, bevor es groß geworden?
So hat es sich zur Königin erhoben.

Wenn draußen auch ein Völkchen sich zum Streit
Erkühnt — es muß nur Roma's Glanz vermehren.

Antipas.

Woher, mein Kind, Dir diese Weisheit?

Salome.

Lern' ich
Doch jetzt des Römervolks Geschicht' und Thaten.

Antipas.

Gewiß, Du wärest gern' ein Römermädchen?

Salome.

O, nein, mein Vater, lieber eine Griechin.

Antipas.

Warum?

Salome.

Die Griechen sind ein fröhlich Volk.
Dem schwebt die Welt im Reigen; Tag' und Stunden
Und Jahre tanzen, selbst der Todesengel
Muß freundlich lächeln, gleich dem schönen Eros.

Antipas.

Allein, mein Kind, Du bist Israels Tochter.

Salome.

Der Juden Gott — er kann mir nicht gefallen.
Wer glaubt denn auch des Volkes Wahn?

Antipas.

Wie, Wahn?

Salome.

Erschafft nicht jedes Volk nach seinem Bilde
Sich seinen Gott, das Finstre einen Finstern?
Der Grieche schuf ein heitres Heer von Göttern
Und schmückte sie mit ew'gem Jugendglanze;
Sie lieben Kränze, Tanz, Gesang und Freude.
Jehovah will nur ernster Priester Opfer.

Antipas.

Du Heidin! — Wenn die Priester das vernähmen! —
Doch immerhin sei heut' ein Griechenmädchen!
Den Abend soll Dein Frohsinn uns erhellen,
Da warten Deiner Tanz, Gesang und Freude.

Salome.

Dann müsse gleich des Frühlings heiterm Morgen
Des Allgeliebten Aug' und Antlitz leuchten!

Ab.

Antipas allein.

Seltsam! — das Mädchen ist wie neugeboren!
Aus Wort und Zügen spricht der Mutter Geist.
Doch jenes war des Griechen Weisheit . . . Weisheit?
Wo scheidet sich des Wahns und Wahren Gränze? —
Ist's nicht vermeßner Stolz, wenn nur Judäa
Des Höchsten Volk sich nennet? — Blühn die Auen
Um Sion schöner als in Tempe's Thal
Und am Parnassus? — Ist der Juden Gott

Nur Gott? — Ha, soll ein Mädchen mich beschämen?
Weg mit der Priester Zwang und Satzung! — Dachte
Nicht auch mein Vater so, als er der Griechen
Schauspiel und Lust in Salems Mauern rief?
Nein! länger soll der Mutter trüber Geist
Des Lebens frohen Muth mir nicht verzehren,
Auch des Gefangnen Bild nicht mehr mich quälen! — —
Des Täufers Freiheit wird auch mich befrein
Und für Genuß und Lust das Herz mir öffnen. —
Ha Marcus! — Möchte mir mein Wunsch gelingen!

## Antipas. Marcus.

Antipas.

Berichte mir, wie lebet Dein Gefangner?

Marcus.

Er bleibet, wie von Anfang, unverrückt,
Zwar still und ernst, doch würdevoll und heiter.

Antipas.

Hörst Du ihn nie um sein Gefängniß klagen?

Marcus.

Kein Laut der Klage kommt aus seinem Munde,
Vielmehr erglänzt sein Angesicht stets heller,
Und sanfter redet, dünkt mir, seine Stimme.

Antipas.

Spricht er zuweilen von Gewalt und Unrecht,
Wie die Gefangnen, wohl verzeihlich, pflegen?

Marcus.

Nicht er; — er schweigt, wenn andre um ihn klagen.

Antipas.

Wer klagt um ihn?

Marcus.

Mein eigen Weib und Tochter,
Die, Speise bringend, oftmals ihn besuchen,
Sind wie bezaubert von des Menschen Weise,
Und scheuen nicht, ich darf es nicht verschweigen,
Mit manchen andern, ihn Prophet zu nennen.

Antipas.

Hat er vielleicht den Weibern prophezeiht?

Marcus.

Deß hab' ich nie ein Wort vernommen, König.

Antipas.

Vielleicht von Krieg, von Theurung, harter Zukunft? —

Marcus.

Ihn kümmert nicht das Irdische; er redet
Von Gottes Wort, von Buße, und dergleichen.

Antipas.

Vernahmest Du, ob er Befreiung hoffet?

Marcus.

Kein Wort, mein Herr und König.

Antipas.

Sag, was meinst Du, —
Den eignen Mann muß man auch eigen richten —
Dünkt's Dir Gefahr, die Freiheit ihm zu geben?

Marcus.

Mir lieget ob, des Königs Richterspruch
Getreu vollziehn, nicht aber selbst zu richten.

Antipas.

Du sollst nur Deine Meinung sagen, Marcus.
Du hast Gefangne mancher Art gesehn — —
Ich will behutsam jeden Umstand wägen.

Marcus.

Nie hatt' ich solchen Mann in Haft und Banden.
Würd' ich ihm dadurch gleich, fürwahr ich möchte
Für meine Freiheit seine Bande tauschen!

Antipas.

Du redest seltsam! Aber sprich, was ist es,
Wodurch er Dir und andern so das Herz
Erfüllt!

Marcus.

O Herr, ich weiß es nicht zu nennen.
Vielleicht vermag ein Gleichniß es zu deuten;
Aus meines Weibes Mund' empfing ich's.

Antipas.

Rede!

Marcus.

Gleichwie die Sonne jede Blum' und Pflanze
Mit ihrem Lichte zieht; sie schauen alle
Zu ihr hinauf, und selbst in dunkler Höhle
Drängt mühsam sich das bleiche Kraut zum Spalt,
Voll Gier, des Lichtes süßen Strahl zu trinken.
So deucht mir auch des Mannes eignes Wesen —
Es geht von ihm ich weiß nicht welche Kraft aus.

Antipas, vor sich.

Auch diesem hat sich Sinn und Wort verwandelt! —

Laut.

Vernimm mein Königswort! Ich darf den Mann,
Des Aufruhrs angeklagt und überwiesen,
Nicht als unschuldig ohne Straf' entlassen.
So sä't' ich selbst der schnöden Meuterei
Verderblich finstre Saat. Doch möcht' ich wohl,
Vor allen heut', an diesem Freudentage,
Auch diesem Mann — er scheint ein frommer Schwärmer —
Sein Theil an meiner Huld und Gnade gönnen.
Drum wache nur nicht ängstlich auf des Kerkers
Verschluß und Thor — verstehst Du, was ich meine? —

Marcus.

Wird er geheim entfliehn? — Mein Herr, ich zweifle.

Antipas.

Du sprichst ein Wort von Gnad' und Huld — daß ihn
Der König ehr', er werd' ihn nicht verfolgen — —

Marcus.

Die Wachen stehn umher mit Schwerdt' und Lanzen.

Antipas.

An Freudentagen ist der Dienst so scharf nicht;
Ein reicher Trunk besiegt gewohnte Strenge — —

Marcus.

Mein theurer Herr und König — aber —

Antipas.

Rede!

Marcus.

Die Königin hat des Gefangnen Huth
Mir streng befohlen, und die Wachen stehn
Gedoppelt —

Antipas, nach einer Pause.

Nun! es sei! ich will schon rathen.
Bewahre nur mein Wort in treuem Herzen! —

Marcus ab.

Herodias! — o Weib voll Zorn und Liebe,
In deinen Adern fließt Herodes Blut. — —

Ab.

## Gefängniß.

### Pollio. Johannes.

Pollio.

Ich soll ins Feld, gebeut des Königs Wort.

Johannes.

Gehorche Deinem Herrn, Du bist sein Hauptmann.

Pollio.

Dem widerspricht mein Herz und meine Seele.

Johannes.

Wie meinest Du?

Pollio.

Damaskus König rächt
Der Töchter Schmach, verheert des Landes Gränze,
Weil Antipas treubrüchig ihn beleidigt.

Johannes.

Wer hat zum Richter Dich gesetzet, Hauptmann?
Ein andrer wird entscheiden.

Pollio.

Soll mein Arm
Dem Unrecht dienen, und mein Schwerdt den Raub
Des Frevels schirmen?

Johannes.

Fühlst Du Dich gerecht
Und rein genug, an Gottes statt zu richten?

Pollio.

Herodes Saamen fluch' ich. — Jener hat
Den Vater mir durchs Schwerdt, durch Gram die Mutter
Gemordet.

Johannes.

Wie? Soll Dir des Vaters Schuld
Der Sohn entgelten? Rach' erfüllt Dein Herz,
Und rühmtest Du Dich nicht gerechten Sinnes?

Pollio.

Jetzt hat auch mich des stolzen Weibes Wuth
Zum Opfer ausersehn — ich sprach für Dich.

Johannes.

Nicht die Gefahr, des Amtes Ruf bedenke.
Des Menschen Tage stehn in Gottes Händen.

Pollio.

Mann Gottes, wie vermagst Du schnödem Krieg,
Den alle Welt verdammt, das Wort zu reden?

Johannes.

Mein Freund, Gerechtigkeit behält den Sieg.

Pollio.

Auch, wenn Gewalt und Bosheit sie bedrängen?

Johannes.

Ist sie denn Fleisch und Blut — ein Kind der Erde?
Der Glaub' aus Gott geboren ist der Sieg;
Des Sieges Anfang ist sich selbst besiegen.

Pollio.

Ach, Meister, wer vermag's?

Johannes.

Ein guter Baum
Bringt gute Frucht.

Pollio.

Wie werd' ich solch ein Baum?

Johannes.

Durch Demuth. Sieh, des Baumes Wurzel ruht
Im dunkeln Schooß der Erde; ihm entsprießt
Des Stammes Kraft; so hebt er Zweig' und Wipfel
Gen Himmel still und hoch; des Glaubens Bild. —
Wer sich erniedrigt wird von Gott erhöhet.

Pollio.

Wodurch gewinn' ich mir des Glaubens Leben?

Johannes.

In dunkler Nacht erglänzt das Heer der Sterne.
Die Welt, die äuß're, muß Dir untergehn,
Was Fleisch ist muß ersterben. Dann erhebt
Der freie Geist die Schwingen, und Du stehst
Erhöht, ein neuer Mensch aus Gott geboren. — —
Ein guter Baum; es bildet sich die Knospe
Von selbst zur Blüth' und Frucht, sie heißet Liebe.

Pollio.

Ach, Meister, mich verlangt nach Licht und Wahrheit —
Doch bittrer wird die Trennung mir . . .

Johannes.

Dich rufet
Dein Amt. So geh und wandl' auf Gottes Wegen.
Dann wirst Du ihm Dich nahn; in seinem Lichte
Wirst Du des Dunkels Macht und Schrecken fühlen,
Und Glaub' und Sehnsucht wird in Dir erwachen.
Bewahr' im Kriegsgeräusch des Herzens Stille —
Du bist nicht fern vom Reich der Wahrheit; bleibe
Getreu! Ein andrer wird Dich weiter führen.

Pollio.

O, mich erquickt Dein Wort. — Noch eine Bitte!
Getrost und freudig will ich dann mich trennen.

Johannes.

Was wünschest Du so heftig?

Pollio.

Laß zuvor
Dich meine Hand befrein!

Johannes.

Wie? Pollio!

Pollio.

Den König drücket Dein Gefängniß, gern
Entließ' er Dich; doch liegt er selbst in Fesseln —
Des Weibes Rache sucht Dein Blut —. Vergönne,
Gewähre mir des Herzens höchsten Wunsch,
Und laß mich heute noch die Unschuld retten!
Daß es gelingt, verbürge Dir mein Leben.
Selbst Antipas, das weiß ich, wird mir danken.

Johannes.

Nein, Pollio! Mein Weg ist Licht; kein Dunkel
Befleck' ihn! Nicht verträgt des Lichtes Sache
Den finstern Pfad. Will Gott mich frei, so springt
Von selbst des Kerkers Thor, und soll mein Blut
Mein schwaches Werk besiegeln, Gott ein Opfer,
So nehm' er's gnädig an, wie Abels!

Pollio.

Ach,
Israel harret auf Dein Wort. Entzeuch
Dem durst'gen Volke nicht des Lebens Quelle!

Johannes.

Ein Größ'rer wird — er ist schon aufgestanden —

Was ich verkünd', in Herrlichkeit erfüllen. —
Und nun kein Wort von Freiheit mehr! Dich selbst
Errett' und suche Freiheit, Licht und Wahrheit.

Pollio.

Ich fand sie nirgend als bei Dir, Johannes.

Johannes.

Hier siehest Du sie dunkel, schwach und duldend;
Du wirst sie strahlend sehn, voll Kraft und siegend. —
So gehe, Pollio, zu Deinem Amte!

Pollio ab.

Johannes allein.

Der Tag des Herren nahet, der hehre, große.
Er dämmert auf, der Völker Nacht entflieht.
Israels Höh'n umglänzt die Morgenröthe,
Mit leisem Flügel schwebt Jehovahs Strahl
Zur dunkeln Erde! Jauchzt ihr Höh'n und Thäler!
Bald werdet ihr den Heiland Gottes sehen!

## Zimmer der Herodias.

### Herodias. Rufus.

Herodias.

Wann denkt Ihr auszuziehn?

Rufus.

Wir sind bereit,
Des Königs Wink zu folgen.

Herodias.

Zieht bei Nacht.
Des Tages Hitze möcht' Euch sehr ermatten.
Auch leuchtet ja des Mondes freundlich Licht.

Rufus.

Dank Eurer Sorg' und Huld! So war's beschlossen,
Doch führet mich vorab mein Weg nach Hesbon
Und Julias, das Heer von dort zu stärken.
Machärus soll besetzt wie sonst verbleiben.

Herodias.

Ihr zieht voll Muth und Freude. Dies verbürgt,
Daß wir Euch siegbekränzt bald wiedersehen.

Rufus.

Des Königs Wort ist seiner Diener Werk.

Herodias.

Doch fällt's Dir schwer, Machärus zu verlassen?

Rufus.

Machärus nicht! Des Landes weiten Saum
Darf nur sein Vaterland der Krieger nennen.
Doch lieber macht er seine Brust zum Wall,
Wenn auch der eignen Heimath Herd und Dach
Der weite Saum umschließt.

Herodias.

Du liebest, Rufus!
Ich weiß es wohl, ich hab' es längst errathen.
Nicht wahr? sie, die ich meine Freundin nenne,
Die meinem Kind' ein holder Genius,
Und alles ist — in der sich Geist und Adel
Vereinen — Zilla nennst Du Deine Liebe?

Rufus.

Ich bin zu arm, dies alles zu gewinnen.
Jedoch vermag ich nicht mein Herz zu zähmen.

Herodias.

Dem Kampf und Sieg' entsprießt des Friedens Palme.
In ihrem Schatten blüht die zarte Mirte.
Da bauet sich die Lieb' ihr stilles Obdach.

Rufus.

Darf ich der Fürstin Huld mich froh getrösten?

Herodias.

Zuvor sei Mann! — Es schmücke Deine Stirn
Der Lorbeer! Ihm erblüht des Königs Gnade. —
Erhebe Dich zum Hauptmann! — So geziemt
Es mir, die schöne Braut Dir zuzuführen.

Rufus.

Vermöcht' ich dieses!

Herodias.

Rechn' auf meine Gnade. —
Du weißt, auch Pollio, der Hauptmann, zieht
Ins Feld — ungern, wie Du — er nährt im Stillen —
(Im Stillen, sag' ich — denn geheim ist alles,
Was er beginnt und sinnt —) dieselbe Neigung.

Rufus.

Er — Zilla! —

Herodias.

Wie Du sagst, jedoch vergebens.
Drum grollet er mir heimlich. — Merktest Du
Nicht seine düstre Stirn? Er sänn' auf Rache,
Gewönn' er nicht, wonach sein Herz gelüstet.

Rufus.

Verdammt! — Nun wird's mir doppelt schwer, zu ziehn!
Mit ihm — und unter ihm! ich muß ihn hassen.

Herodias.

Nicht also, Rufus! Er verdienet Achtung —
Was würde denn aus unsrer Sache werden,
Wenn Ihr, die Führer, Euch entzweiet? Nein,
Ich acht' ihn hoch. Beweis' auch Du ihm Achtung,
Wie sich gebühret.

Rufus.

Nimmermehr! o stånd' ich
Als Feind ihm gegenüber, und mein Schwerdt
Dürft' ihm beweisen, was ich für ihn fühle!
O wüßt' ich nicht, was er im Herzen trägt —!

Herodias.

Nun, sei gelassen, Rufus! Sieh, ich selbst,
Ich muß ihn fürchten, kommt er glücklich wieder. —
Er rühmet sich des Königs Huld und Gnade —
Wie dürft' ich ihm des Mädchens Hand versagen? —
Indeß — vielleicht — —

Rufus.

O Königin, ich flehe ...

Herodias.

Den starren Sinn wird er nicht beugen ... Aber ...
Der Krieg erheischt einmal sein blutig Opfer —
Der Hauptmann ist voll Muth, und an die Spitze
Des Heeres stellt vielleicht ihn Alexander — —

Rufus.

Soll er?

Herodias.

Wenn Du es willst. — Entbeut dem Feldherrn
Des Königs Gruß; ein Zeichen unsrer Huld
Wirst Du für ihn aus Zillas Hand empfangen.
Gehab Dich wohl, verbirg des Herzens Wunsch,
Und kehre glücklich heim zur Palm' und Mirte!

Rufus ab.

Herodias allein.

O köstlich! köstlich! — Hält man nur, was brennbar,
Zu Rath' und legt es sorgsam zu einander,
Dann braucht's ein Fünkchen nur, ein Hauch! so steiget
Die Flamm' empor; man kann sich ruhig wärmen. —
Nur noch des Mädchens Hauch, und sieh! es lodert —
Dank dir, Natur! Versagtest du dem Weibe
Das kühne Schwerdt; — du gabest ihm dafür
Des Geistes Kunst, der Zunge reges Leben — —
Des finstern Murrkopfs war ich lange müde,
Der andre, dem so leicht die Leber brennt,
Kann mir noch oft zu gutem Zunder dienen. —

## Herodias. Zilla.

Herodias.

Du scheinst betrübt?

Zilla.

Mein Rufus zieht von hier.

Herodias.

Dein Rufus! Ist es schon so weit gediehen?

Zilla.

Wie sollt' ich meine Liebe noch verläugnen?
Und meiner Fürstin!

Herodias.

Bist Du nur besorgt
Um Rufus? Sieh, ein anderer Verehrer
Zieht auch von hier.

Zilla.

Wer könnte dieser seyn?

Herodias.

Der Hauptmann, liebes Kind, wünscht Deine Hand.

Zilla.

Der finstre Mensch? Unmöglich, Fürstin! Nein,
Mich schaudert —

Herodias.

Ei, bedenk, des Königs Hauptmann!
Bald wird er sich zum Feldherrn, und, gewinnet er
Damaskus, zum Statthalter gar erheben!

Zilla.

Und würd' er König — nein!

Herodias.

Ich kenne Dich,
Und denke gleich wie Du! Indeß, mein Kind,
Gebrauche Du des Murrkopfs Wunsch und Grille,
Dir den Geliebten fester zu verbinden!

Zilla.

Verständ' ich nur der Fürstin dunkeln Rath!

Herodias.

Sieh, Rufus weiß — ich will Dir nichts verhehlen —
Daß auch der Hauptmann Dein — begehret — liebt
Darf ich nicht sagen. Denn, wie sollte Liebe
In solcher Seel' und saurem Boden blühn!

Zilla.

Und konnte Rufus fürchten —? O fürwahr,
Die Furcht will ich ihm bald benehmen — —

Herodias.

Thörin!
Wann wirst Du doch die Welt und Menschen kennen?
Wirst ewig denn des Vormunds Du bedürfen?
Du kennst noch nicht der Männer wankend Herz.
Und sahest Du Damaskus blüh'nde Töchter? —
Damaskus ist das Vaterland des Schönen.
Ein Goldstrom fließt hindurch, und tausend Bäche
Durchziehn, dem Silber gleich, die fetten Auen.
Seit Alters nennt man sie Jehovahs Garten.
Die Hügel kränzet Wein, zur Seit' erhebt
Der Libanon die stattlich hohen Cedern.
Die Woll' ist zarter hier als Schwanenflaum;
Damaskus strahlt von Perlen, Gold und Seide.

Zilla.

Was kümmert diese Pracht ein liebend Herz? —

Herodias.

Fürwahr, Du machst mich lachen, Kind! So höre:
Wie Libans Cedern sind Damaskus Töchter!
Ihr Antlitz gleicht des Landes holdem Garten,
Ihr Haar umfließt, ein goldner Strom, den Nacken,
Die Augen strahlen gleich den dunkeln Seen,
Worin des Himmels tiefes Blau sich spiegelt,
Wie Rebenhügel quillt des Busens Fülle,
Geschmeid' und Gold umglänzet diese Schönheit — —
Gewinnt nun unser Heer dies Paradies,
Leicht könnte Rufus einen Schatz erbeuten,
Worüber er des andern hier vergäße — —

Zilla.

O nein! er ist mir treu. — Ach, theure Fürstin,
Doch ängstet's mir mein Herz — ich wollt', ich wüßte
Nichts von Damaskus —

Herodias.

Ja, so seid Ihr Mädchen,
Viel lieber späten Gram, als frühe Weisheit.

Zilla.

Geliebte Fürstin, helfet mir und rathet!

Herodias.

Nun hör'! ich rathe Dir, laß nur nicht blicken,
Daß Du des Hauptmanns Wünsche ganz verschmähst,
Dann wirst Du doppelt Rufus Herz Dir fesseln — —
Die Eifersucht bewacht und nährt die Liebe.
Sie ist der Neigung Pflegerin und Amme,
Und übt, wenn diese fern, der Mutter Treue.
Und nun vernimm noch eins, der Hauptmann zürnt —
Das ist sein stiller Groll — auf Deinen Rufus.
Ihn hat die Wuth der Eifersucht ergriffen —
Er zürnt, daß Du den Untergebnen vorziehst.
Gern weiht' er ihn des Feindes Schwerdt'.

Zilla.

O Jammer!
Muß ich denn heute nichts als Unglück hören!
Ach, welche Angst ergreift mein armes Herz!

Herodias.

Ei, fürchte nichts! auch dafür ist gesorgt.
Der Feldherr soll durch Rufus Wort und Hand
Des Königs Botschaft und Befehl empfahen,
Der Rufus retten wird. In seine Schlingen
Soll nach Verdienst der Hauptmann fallen. — Gieb
Dem Bräutigam dies Damascener Schwerdt
Für Alexander; — ihm ein Friedenszeichen
Für Deinen Rufus. — Sieh, er kommt zurück
Als Hauptmann — glaub' es mir — alsdann soll bald
Zum Siegeskranz der Hochzeitkranz sich fügen.

Zilla.

O welche Huld! wo soll ich Worte finden
Der besten Königin den Dank zu stammeln — —

Kniet.

Herodias.

Laß alles dies —! mir selbst gewährt es Freude —
Du aber schweigst und thust, was ich geboten.

Zilla ab.

Herodias allein.

So ist es gut! — Jehovahs Paradies
Beschirmt' ein flammend Schwerdt. Mein Eden schuf
Und schirm' ich selbst. — Wer ihm verwegen naht,
Den stürzet meines Zorns verzehrend Feuer. —
So falle nun des kecken Schwätzers Haupt!

Ab.

## Zimmer des Antipas im Pallast.

### Antipas. Pollio.

Pollio.

Du hast geboten, Herr und Fürst, ich scheide.

Antipas.

Es ist mir leid. Vermagst Du heute nicht
Das Freudenmahl mit uns, mein Freund, zu theilen?
Gern säh' ich Dich, so lang' es mir vergönnt.

Pollio.

Dank Eurer Huld! Es giebt noch mancherlei
Zu ordnen. Mit dem ersten Morgenroth
Gedenken wir Machäron zu verlassen.

Antipas.

Du scheinst bedrückt und ziehst nicht gern zum Kriege—

Pollio.

Ich bin Dein Hauptmann. Meines Fürsten Wink
Bestimmt den Weg, den meine Füße gehen,

Wenn auch das Herz ein andres sich ersehnt . . .

Pause.

Ich habe nicht zu richten — nur zu handeln . . .

Pause.

In mir ist Stille, stiller wird es werden —

Pause.

Ich habe nur noch einen Wunsch, mein König . . .

Antipas.

Sprich, Pollio, und steht's in meiner Kraft,
So sei gewiß der willigsten Gewährung.

Pollio.

O schütze doch des edeln Mannes Leben,
Der auf Machäron im Gefängniß wohnet,
Und gieb ihm bald, wenn Du vermagst, die Freiheit.

Antipas.

Wenn ich vermag?

Pollio.

Sobald Du willst, vermagst Du!
Ich rede frei, entreiß Dich Selbst den Banden,
Dann wirst Du auch Johannes Bande lösen —
Wag' es gerecht zu seyn, mein Herr und König —

Antipas, nach einer Pause.

Sprachst Du mit ihm vom Kriege?

Pollio.

Ja, ich that es.

Antipas.

Sag, widerrieth er Dir den Krieg und Feldzug?

Pollio.

Nein! Er gebot dem Köni zu gehorchen,
Des Königs Willen, meinem nicht, zu folgen —
Den eignen Sinn des Herren Sinn zu opfern. —
Sonst hätt' ich Dir dies Schwerdt zurückgegeben —

Antipas, vor sich.

Das giebt mir Muth und Trost zu diesem Kriege —

Pollio.

Ja, was noch mehr. Verschweigen will ich nichts —
Des Mannes Hoheit hat mich überwältigt —
Ich bot ihm Arm und Schwerdt zur Flucht und Rettung.

Antipas.

Und nun? —

Pollio.

Er schlug es aus. Nicht heimlich, sagt' er,
Und dunkel sei sein Weg. Des Königs Wort,
Das ihn gebunden, könn' allein ihn lösen. — —

Antipas.

Ich staune, Freund. — Nun zeuch mit Gott in Frieden!

Hier meine Hand! Kein Haar soll man ihm krümmen.
Sein Leben schütz' ich, Freiheit soll ihm werden!

Pollio.

Nun denn, gehabt Euch wohl, mein Herr und König!
Seid klug und stark — des Schwerdtes Schärfe droht —
Nur zitternd trau' ich selbst dem Fürstenworte.

Ab.

## Vierte Handlung.

Offner Platz im Städtchen Machärus am Fuß des Felsen, worauf die Burg im Hintergrunde.

### Mehrere Bürger.

Erster Bürger.

Ganz bluthroth stand der volle Mond am Himmel.
Was mag dies Himmelszeichen wohl bedeuten?

Alter Bürger.

Blutroth bedeutet Blut; der Mond bedeutet
Die Königin. — Die Königin will Blut —
Und was sie will, das muß der König wollen.
So werden uns die Adern fein geöffnet.

Dritter Bürger.

Dazu hat's Schein. Wozu die schnelle Werbung?
Des Kriegesvolks geheime Gäng' und Rüstung?
Es ist ein Freudentag, daß Gott erbarme!

Alter Bürger.

Ihr wisset doch, der Damascener Fürst
Verheeret schon das Land, erstürmt die Vesten —
Er will Machärus und Herodeum
Zur Furche machen und mit Salz besäen.

Erster Bürger.

Behüte Gott! Woher der Krieg denn?

Alter Bürger.

Neuling!
Meinst der Araber sollt' es fein verschlafen,
Daß unser Antipas sein Kind verstieß!

Dritter Bürger.

Dran that er großes Unrecht. Doch was können
Denn wir davor?

Alter Bürger.

Was kann der Mond davor? —
Doch muß sein weißes Antlitz roth sich färben,
Und selbst sein reines Silberlicht muß bluten.

Andrer Bürger.

Bewahr' uns Gott! die Erd' auch hat gebebt,
Zwei Häuser sind in Jericho gefallen. —

Alter Bürger.

Ein Fieberschauer! Nun, was liegt daran!
Zwei alte Hütten! — Wäre nur Judäa
Nicht solch ein morsch Gebäu! Das starke Weib

Der Sieben Hügel braucht es nur zu rütteln,
So stürzt es ein, und wir — wir sind begraben.

Erster Bürger.

Das ist der Fürsten Schuld.

Alter Bürger.

Der Fürsten Schuld?
Des Volkes Schuld und Strafe! Färbt der Fürst
Den Mond Euch roth? Macht er die Erde beben?
Ich halte traun, des Volkes Sinn und Wesen
Erschafft sich selbst des Treibers Ruth' und Geißel.
Nicht des Propheten Wort, des Volkes Sünde
Verwandelte des Himmels thauend Antlitz
In ein verschlossen eisernes Gewölbe. —
Das dritte Jahr erst brachte Buß' und Regen.

Bürger.

Hier sitzt sogar der Seher im Gefängniß —

Alter Bürger.

Natürlich! Sehen ist Verrath und Frevel —
Der Blinde herrscht, Verblendete gehorchen.
Am Ende stürzen beide in den Abgrund.

Bürger.

Ach käme doch Israels Hort und Retter!

Alter Bürger.

Und brächte Manna, Wachteln, süße Wasser!
Denn ohne diese wär' er bald verloren.

Trabant mit Hellebarde tritt zu ihnen.

Gedenkt Ihr Bürger Eurer Pflicht, verlaßt
Den Markt und freuet Euch in Euren Häusern
Des Feiertags! So ist des Königs Wille.

Ab.

Mehrere Bürger.

Ein Feiertag! — Lebt wohl! — daß Gott erbarme!

Alter Bürger.

So geht! der Speer gebeut Euch Freude. Sprecht:
Wir sind nur Flöh', und kriecht in Eure Löcher! —

Bürger.

Man giebt uns Jammer und gebietet Freude!

Alter Bürger.

Fleischtöpf' Aegyptens, und Aegyptens Freiheit!

Die Bürger zerstreuen sich.

## Gefängniß.

**Johannes. Jakobus, Stephanus, Andreas, Philippus** treten ein.

### Jakobus.

Sei uns gegrüßt, Rabbuni! Sieh mit Schmerzen
Hat unser Herz Dein Angesicht gesucht.
Gott sei gelobt, wir haben Dich gefunden!
Wenn auch in Banden; Jovah wird sie lösen.

### Stephanus.

Der seinen treuen Knecht dem Löwenrachen
Entriß, — sein starker Arm wird Dich erretten.

### Jakobus.

Bald wird sich Juda herrlicher erheben,
Auf Sion wird des Herren Fahne wehn,
Aufrichten wird er bald Israels Reich!

### Johannes.

Sein Reich wird er aufrichten, und erfüllen
Sein Wort, wie er gesagt; doch nicht wie Ihr

Es kindisch deutet. Kinder, seine Wege
Sind nicht des Menschen Wege und Gedanken —
Vermöget Ihr, mit Eurer schwachen Hand,
Das himmlische Gewölbe zu berühren? — —
So viel der Himmel höher denn die Erde,
Um so viel höher sind Jehovahs Wege.

Jakobus.

Ganz Juda sehnt sich nach dem Tag des Herrn —
Israel ist des Drängers müd', es wird
Die Fesseln brechen, und sie von sich werfen,
Ganz Juda wünscht den Königssohn zu küssen.
Der Freiheit Lied wird von den Höhen schallen — —

Johannes.

Ach, hinkt auch Ihr um Baals nicht'ge Götzen —?
Nur, wo der Geist des Herren wohnt, ist Freiheit.

Andreas.

Ist denn Israel nicht Jehovahs Sohn?

Johannes.

Wenn es sein Herz zum Herren kindlich wendet,
Und seines Lichtes reinem Strahl es öffnet. —
Noch aber baut das Volk an seinem Götzen,
Wie einst des Pöbels Rott', indeß vor Gott
Auf Horeb Moseh stand. — Des Stieres Horn
Und Bauch und Gold bezeichnete den Abgott
Und Sinn des Volkes — Hoffarth, Wollust, Habsucht —
Noch lebt der Götz' im Herzen dieser Menge —

Jakobus.

Das eben war der Sklaverei Aegyptens
Erzeugniß. Doch es ward hinausgeführt
Ein freies Volk zu werden.

Johannes.

Und es starb
Auf seinem öden Weg' ins Land der Freiheit.

Philippus.

Gelangte doch das neue Volk dahin.

Johannes.

Ein neues Volk muß auch Israel werden.
Den Größeren als Moseh anerkennen —
Wo nicht, so wird des Tempels Herrlichkeit
Und Salems Stolz in Staub und Trümmer fallen.
Ein neues Babel wird in neue Fesseln,
Viel schlimmere, die Söhne Judas schlagen,
Und nimmer wird ein Kares ihm sie lösen.

Jakobus.

Du, Meister, bist der Größere denn Moseh —

Johannes.

Hinweg von mir, Verführer, wenn Du also
Zu denken und zu reden Dich erkühnst!

Andreas.

Und sollen wir denn eines andern warten?

Johannes.

Nicht warten — sehen sollt Ihr ihn — empfangen —
Er ist schon da —; mich sollet Ihr verlassen —!

Alle.

Rabbuni Dich? — Dich sollten wir verlassen? —
Nein das sei fern! Wir wollen mit Dir sterben!

Johannes.

Kleingläubige! vernehmt ein Gleichniß! Muß
Ich nicht zu Euch wie Kindern reden? — David
Kam einst aus langem Krieg zurück nach Sion —
Sein harrete das Volk. Da kam der Herold
Des Königs Näh' verkündend. Lieblich scholl
Des Mannes Ruf, und tausendfacher Jubel
Empfing den Boten. Da erschien des Königs
Ersehntes Antlitz, gleich der Morgensonne;
Des Herolds Ruf verstummt' und ward vergessen.
Was meint Ihr, handelte das Volk denn thöricht,
Daß es vom Herold auf den König schaute? —

Alle schweigen.

Johannes.

Der König ist gekommen! Jesus ist
Sein Nam', ich bin nicht werth, sein Knecht zu heißen. —

Andreas, nach einer Pause.

Ach, theurer Meister, stand denn A'ron nicht
Dem Gottesmann zur Seite; trug nicht Kaleb

Mit Josua des Landes erste Trauben?
Und war nicht Jonathans und Davids Liebe ...

Johannes.

Der eine fiel — der andre nur ward König.
Vernehmet! — Er muß wachsen — ich abnehmen —
Er, der von oben kommt, ist über alle — —
Nur wer die Braut hat, ist der Bräutigam —
Von ferne steht der Freund und hört die Stimme
Des Bräutigams, sein Herz voll hoher Freude —
So ist auch meine Freude nun erfüllet. — —
Wer von der Welt ist, redet von der Welt.
Wer an den Sohn glaubt, hat das ew'ge Leben.
Wer ihm nicht glaubet, wird das Himmelreich
Nicht sehn, Jehovahs Zorn bleibt über ihm.

Jakobus.

Wo sollen wir den Gottesmann denn finden,
Von welchem Du so herrlich redest, Meister?

Johannes.

Geht hin, Ihr Lieben, an des Jordans Ufer,
Da werdet Ihr ihn sehn —

Philippus.

Wird er uns hören?
Und dürfen wir dem Heiligen uns nahn?

Johannes.

Geht, saget ihm: Uns sendete Johannes,

Dich zu fragen: Bist du der Verheiß'ne?
Oder sollen wir noch eines andern warten?
Dann kommt und bringet, was Ihr saht und hörtet.

Alle ab.

Johannes allein.

O Friede sei mit euch! — Ja, wie ein Vater
Den edeln Sohn, die Mutter ihren Säugling
Im Herzen trägt, so lieb' ich euch. — Erkohren,
Der Welt das Licht zu bringen, stehn sie da
In Einfalt — wissen nicht, wie zu Gefäßen
Des Köstlichen sie Gott ersehen! Noch
Umfäht ihr kindlich Herz voll Kraft und Klarheit
Der Außenwelt betrügliche Gestalten.
So träumen sie von Freiheit; das Panier
Der zwölf vereinten Stämme Judas schwebet
Vor ihrem Blick in neuer hoher Schönheit —
Sie stehn im Geiste vor des Thrones Stufen
Und stützen schon des zweiten Davids Zepter —.
Mein Kerker selbst dünkt ihnen nur ein Dunkel
Um Jovahs Zelt — — Nun ja! bald wird sein Licht
Hervorgehn gleich dem Morgenroth, die Nacht
Verschwinden und des Himmelreichs
Erhabner Glanz auf sie hernieder strahlen!
Vor ihm versinkt der Erde Tand und Schimmer. — —
O heil'ger Vater, sei der kleinen Heerde
Beschirmer, heil'ge sie in deiner Wahrheit! —

## Jerusalem.

### Versammlungssaal des Sanhedrins.

Philo. Simon. Gamaliel. Joseph von Ramath. Andere.

Philo.

So geht's! Indeß die Wächter Sions draußen
Zu Schmeichelei und Knechtschaft sich entehren,
Wankt Sions Burg und Heiligthum. Entweiht
Ist schon des Sabbaths heiliges Gesetz,
Und Moseh Bund in seiner Tief' erschüttert.

Gamaliel.

Mir scheint, am nächsten liegt die Frage: Hat
Der Nazarener wirklich jenen Kranken
Geheilt am Teich Bethesda, wie er selbst
Und alles Volk lobpreisend es bezeugen?

Philo.

Wohl glaub' ich wird des Pöbels frecher Wahnsinn
Den Trug bejauchzen, der, Gesetz und Sabbath
Auflösend, seinem frevelnden Gelüst
Die Thor' erschleußt zu Aufruhr und Empörung.

Joseph.

Darf man ein Lamm, das in den Brunnen fiel,
Am Sabbath retten; soll denn nicht ein Mensch,
Der acht und dreißig Jahr auf hartem Siechbett
Geseufzt, wenn ihm an Gottes heil'gem Tage
Die langersehnte Rettungsstund' erscheint,
Sein Bett vom Born in seine Kammer tragen?

Philo.

Du redest mit des Nazareners Zunge. —
Gieb acht, daß nicht sein Schicksal auch Dich treffe!

Joseph.

Von Wahrheit, nicht von Schicksal ist die Rede!
Dies steht in Gottes Hand, und jene wird
Ein Herz voll Zorn und Hoffarth niemals fassen.
Nur zu dem klaren, unbewegten Quell
Neigt sich des Himmels Bild; ein Sturm verzerrt
In ihm der Sterne Glanz zu Blitzes Funken.
Drum, Väter, laßt uns still und ruhig prüfen.

Ein Diener des hohen Raths tritt ein.

Diener.

Mit seinen Eltern steht der Blinde draußen —
So nennt das Volk ihn immer noch, obwohl
Er freudiger und heller sieht denn andre.

Philo.

Dein Amt ist, ohne Wort ihn herzuführen.

Die Vorigen. Benoni, der Blindgeborne, mit seinen Eltern.

Gamaliel.

Sagt rein und klar die Wahrheit, wie vor Gott!
Ward dieser Euer Sohn Euch blind geboren?

Vater.

Sein Auge war verhüllt in Todesdunkel.

Mutter.

Mit Freudenthränen grüßt' ich jene Stunde,
Die uns den Erstgeborenen verlieh.
Doch ach! bald netzten bittre Schmerzenswasser
Den armen Wurm, der blind im Schooß mir ruhte —
Des Lebens Born, das süße Licht, war ihm
Verschlossen — ach, uns drückte der Gedanke,
Ob unsre Schuld der Neugeborne trüge — —

Gamaliel.

Blieb er denn blind? ersaht Ihr keine Spur,
Daß er des Lichtes nach und nach gewahrte? —

Vater.

Starrblind bis jetzt.

Mutter.

Ach, niemals hat sein Blick
Ins Auge mir geschauet noch gelächelt.
Mir ward der größte aller Mutterschmerzen.

Philo.

Wie konnt' er denn die Weg' und Straßen finden?

Mutter.

Ach, Euer Wort erneuert meiner Seele
Den andern Schmerz. Ein Töchterchen ward uns
Zum Trost, und ihm zum Stab von Gott gegeben.
Sie liebt' ihn, gleichwie wir Benoni liebten,
Führt' ihn auf Salems Höh'n und in den Tempel,
Eröffnete des Blinden inn'res Auge,
Und lehrte ihn, im Geist Jehovahs Wunder
Und seiner Schöpfung Güt' und Ordnung schaun —
Da nahm der Unerforschliche auch sie — —
Wir hatten Rahel kaum hinausgetragen,
Da kam — —

Philo.

Es scheint, auf Eurem Hause ruht
Des Herren Fluch, verborgner Sünden Schuld.

Mutter.

Nein! — richtet nicht! — daß Gottes Huld und Größe
Sich offenbar' an uns, drum ist's geschehn.
Das zeuget mir ein Herz voll Dank und Freude!

Gamaliel.

So saget uns, wie ist er denn nun sehend?

Vater.

Wir wissen's nicht; nur daß er blind geboren
Und unser Sohn, das können wir bezeugen.
So fragt ihn selbst, laßt für sich selbst ihn reden,
Wer ihm die Augen aufgethan? Er ist
Wohl alt genug; so mag er selbst erzählen.

Benoni.

Ich saß am Wege, seht, da kam der Mann,
Der Jesus heißt, und sah mich an und sprach
Von mir —; erquicklich klang des Mannes Stimme
Mir in das Ohr; ich horcht' und wußte nicht,
Daß mir durch ihn das Beste werden sollte. —

Philo.

Weißt Du noch, was er sagte?

Benoni.

Ja, er sprach:
So lang' es Tag ist, muß ich Werke wirken
Deß, der mich sandte. Sieh, es kommt die Nacht,
Wo Niemand wirken kann. Das sagt' er traurend. —
Nun sprach er froh: Ich bin das Licht der Welt!

Philo erbittert zu den andern.

Vernehmet Ihr's? O Fluch dem Gotteslåst'rer!

Gamaliel.

Ich bitt' Euch, Philo, laßt den Jüngling reden!

Benoni.

Nun netzt' er Sand mit seines Mundes Speichel,
Und überstrich die Augen mir und sprach:
Geh hin zum Teiche Siloah und wasche
Dein Angesicht. — Ich ging und tappte fröhlich —
Denn immer klang wie himmlischer Gesang
Sein Wort: Ich bin das Licht! mir in die Seele —
Mir zitterte die Hand, als ich zum Teiche
Sie niederbog, und Sillo'hs kühlen Quell
Berührt' — ich säumt', enthob zuletzt dem Born
Die volle Hand und netzte meine Augen.
Da dämmert' es — sie waren aufgethan —
Ach Gott! ich sah des Bornes klaren Spiegel,
In ihm mein Antlitz und des Himmels Veste —
So lag ich knieend, sah und schloß die Augen —
Und weint' und wagt' es nicht, mich aufzurichten —
Und als ich nun das himmlische Gewölbe,
Die Sonne sah, die Bäume, Stauden, Blumen —
Es strömt' in mich, wie eines Meeres Wogen —
Ach zitternd stand ich mit verhülltem Haupte.
So führte jauchzend mich das Volk zur Heimath.

Simon.

Wie kann ein Sünder solche Zeichen thun!

Gamaliel.

Wo war denn, der die Augen Dir geöffnet?

Benoni.

Er war hinweg — Jetzt kann ich selbst ihn suchen.

Joseph.

Was meinst Du denn, wer dieser Mann gewesen?

Benoni.

Er ist ein Gottesmann und ein Prophet.

Simon.

Gieb Gott die Ehre! Sprich, er war ein Sünder!
Wir wissen es.

Benoni.

Das wisset Ihr? ich weiß,
Daß ich ein Blinder war, und bin nun sehend.

Philo.

Durch Satans Kraft hat er das Werk gethan!

Benoni.

Ist Euch der Satan denn des Lichtes Quelle? —

Allgemeines Schweigen.

Simon.

Wie that er Dir die Augen auf? Was that er?

Benoni.

Was fragt Ihr noch? Ihr habt es ja vernommen!
Sagt, wollet Ihr auch seine Jünger werden?

Philo.

Verflucht seist Du! Du bist sein Jünger.

Benoni.

Ja!

Du sagst's. Bald hoff' ich es mit Gott zu werden,
Und nichts soll mich von seiner Liebe scheiden.
Wer Gottes Willen thut, nur den erhört er.
Er hat mir aufgethan die blinden Augen.
So glaubt: wer das vermag, der ist von Gott.

Philo.

Wie, Sünder! Frevler Du — Du willst uns lehren?

Faßt ihn an.

Auf, faßt den Sünder — stoßet ihn hinaus!

Benoni.

O stoßt mich nicht, ich will ja gerne gehn —

Mehrere stoßen ihn fort, andere treten zurück, unter diesen:

Gamaliel.

Ist's Menschenwerk — so wird's von selbst zerfallen,
Ist es aus Gott, so möget Ihr's nicht dämpfen ——
O Philo, hüte Dich mit Gott zu streiten.

Alle ab, außer Philo und Simon — Draußen Geräusch und Volksgesang:

Volk.

Gelobt sei, der da kommt in Jehovahs Namen!
Hosianna ihm! Hosianna! Hallelujah! —

Philo.

Fluch und Verderben! Ha, jetzt soll das Blut
Zuerst des Herolds, dann des Königs fließen!
Nun sollst Du Schwärmer ihm den Weg bereiten! —
Du eilest, Simon, zu den Hohenpriestern! —

Volk draußen.

Gelobt sei, der da kommt in Jehovahs Namen!
Hosianna ihm! Hosianna! Hallelujah!

Philo und Simon ab.

## Gegend am todten Meer.

### Herodes Philippus, verkleidet als Pilger.

Philippus allein.

Hier ist das Meer, wo Sodom und Gomorrah
Versanken! — Furchtbar starrt das öde Land;
Schwarz ist sogar der Stein — Zweitausend Jahre
Verschwanden, und noch immer trägt der Boden
Der alten Sünde Spur und ihre Strafe!
Währt ewig denn, gerechter Gott, dein Zürnen?
Mit Grausen füllt die Gegend meine Seele —
Als säh' man die verhüllte Ewigkeit
Den Arm empor aus diesem Schlunde strecken. — —
Hier blüht kein Baum, hier duftet keine Blume,
Kein Freudelaut ertönt an diesen Ufern.
Es ist ein Meer von salzig bittern Thränen.
Wohl dem, der Herz und Hände rein bewahrt! — —
Ach, Sodoms Sündenschuld! — mein Bruder trägt sie —
Des Gastrechts Heiligthum hat er verletzt,
Wie Kain seines Bruders Haus verödet,
Mit Raub und fremdem Gut die Hand befleckt —
Verbannt den frommen Engel seines Hauses,
Arete's Huld und Schönheit, und im Kerker

Erseufzt ihm Fluch der edle Gottgesandte — — —
Ist hier nicht Sodoms Schuld und Sünde? — Kann
Denn dieses Land nur Missethat gebären? — —
Ach Salome, mein Kind, wird nicht der Mutter
Treuloses Herz mir deine Lieb' entwenden!
Herodias — verhaßter Name! — Du,
Du machst Asmoni's hohe Burg zum Sodom! — —
Könnt' ich dem Bruder nur die Augen öffnen!
Der Sündenbahn mein armes Kind entziehn,
Und dich erfreun, holdselige Arete! —
Dann mag Herodias, gleich jener Säule
Des umgewandten Weibes, stehn, ein Denkmal
Gebrochnen Bundes und gemeiner Lust! — —

Er erblickt die Wohnung der Essäer.

Ein Haus! wie! hat auch hier der kühne Mensch
Gewagt, auf solchem Grund sich anzubauen!
Ein Kain ist vielleicht in dieses Nod
Geflohn, das Frevelmal der Stirn zu bergen,
Und seine Schuld in dieser Kluft zu büßen.

Gesang von Männerstimmen aus dem Innern des Hauses.

## Chor.

Wer wird in deinem Heiligthume wohnen,
Jehovah, wer dein leuchtend Antlitz schaun?

## Eine Stimme.

Wer ohne Tadel vor Jehovah wandelt.
Wer Recht thut und von Herzen Wahrheit liebet.
Wer solches thut, der wankt nicht ewiglich!

Chor.

Jehovah blickt voll Huld auf ihn hernieder.
Er wird das Angesicht des Höchsten schaun! — —

Philippus.

Wie? hat in dieser öden Wüstenei
Die Gottesfurcht und Wahrheit, von der Welt
Verstoßen, selbst die Lust der Welt verschmähend,
Den Wohnsitz sich erkohren? Was bedeutet
Dies Schneegewand auf diesem schwarzen Boden? —

Ein Essäer tritt hervor.

Philippus.

Gegrüßet seist Du mir!

Essäer.

Dank Dir und Friede!

Philippus.

Ich bin ein Fremdling. Sage mir, wer hat
Zum Wohnsitz diese Wüste sich ersehen?

Essäer.

Die Welt ist eine Wüste; wir sind Pilger.
Wie Gras ist alles Fleisch, der Erde Glanz
Gleichwie des Grases Blume. Nur das Wort
Des Herren bleibt. Das sagt uns dieses Thal
Tiefschweigend. — Deßhalb hat uns seine Wahrheit
In seinem Schooß vereint. Wir sind Essäer.

Philippus.

Vernimmt der Mensch nicht überall die Stimme
Jehovahs?

Essäer.

Horebs nackte Felsenspitze
Umleuchtete Jehovahs strahlend Antlitz,
Und strahlend stieg der Seher in das Thal,
Wo sich des Volkes Wahn den Götzen baute — —
Elias Kluft umschwebte Jovahs Säuseln — —

Philippus.

Ich fasse Dich — allein, wie übt Ihr hier
Der Menschheit heil'ge Pflichten?

Essäer.

Wahrheit ist
Des Menschen erste Pflicht.

Philippus.

Nicht auch die Liebe?

Essäer.

Sie ist der Wahrheit Frucht. Hast Du die Wurzel,
Erwächst die Frucht von selbst.

Philippus.

So darf auch wohl
Der Pilger Schutz und Obdach bei Euch suchen!

Essäer.

Hier steht kein Sodom mehr, der Fremdling ist
Willkommen, wenn ihm unsers Lebens Einfalt
Genügt. Hier fließet niemals Blut, das Kraut
Des Feldes und des Baumes Frucht ernährt uns.
Kein harter Stahl bedroht das fromme Lamm —
Ein reines Herz ist unsre Opfergabe,
Die Flamme, die es zu Jehovahs Thron'
Erhebet, Dank und kindliches Gebet.

Philippus.

O wie entfernt ist Eure Tempelwohnung
Der Felsenburg, die jenen Berg umstarrt!

Essäer.

Wir richten nicht; Jehovah sieht und richtet.

Philippus.

Sind andre Pilger noch in Eurer Mitte?

Essäer.

Sieh, hier erscheinet eine, die vielleicht
Du suchest —

Essäer ab.

## Herodes Philippus. Arete's Amme.

### Philippus.

Nicht wahr, Du bist's! Dir ward Arete
Vertraut? Wo ist sie? Warum blickst Du traurig?
Ich suche sie; vom königlichen Lager
Führt mich mein Weg hieher nach langem Forschen —

### Amme.

Ach Herr, vernehmt! Ich leb' in Sorg' und Aengsten —
Arete ging — kaum wag' ich's auszusprechen —
Zur Königsburg, verkleidet als ein Jüngling —
Herodes will sie sehn, den Ungetreuen,
Und den Gefangnen, der für sie geredet —

### Philippus.

Und Du — wie konntest Du? — hast sie verlassen!

### Amme.

Sie wollt' es so. Ich bat, ich fleht' und kniete
Vor ihr — beschrieb des Wagestücks Gefahr,
Der wilden Wache Dräu'n, des Weibes Wuth
Und Eifersucht, die spottend sie zum Tode
Verdammen würd'. Umsonst, sie hört' es lächelnd

Und sprach getrost: Eh wirst du nach Damaskus
Machàron tragen, als von meinem Vorsatz
Mich schwaches Weib entfernen! Nicht mehr schwach
Ist sie; vielmehr als hätte mit der Kleidung
Des Jünglings Heldenmuth sie angezogen —
So stand sie da und ging, und uns gebot
Ihr ernstes Wort, hier ihrer zu gewarten.
Gott leite sie! Mich ahnet nichts, als Böses.

Philippus.

Sei unbesorgt — ich geh' und will sie heimlich
Beschützen, droht Gefahr — ich kann sie retten —
Wie Gottes Engel will ich sie umschweben —

Amme.

Gott sei gedankt. Er woll' Euch freundlich leiten!

Beide ab.

## Wohnung des Kerkermeisters.

Man hört Trompetentöne aus der Ferne.

## Gideon. Sulamith.

Gideon.

Nein, Sulamith, mich drückt der Feiertag —
Es ist mir schwul, wie wenn aus heißer Wüste
Der Samum weht. Ich kann nicht länger dauern
In dieser Frevelburg — ich muß hinaus.

Sulamith.

Was engt Dir denn, mein Gideon, die Seele?

Gideon.

Des Hofes Glanz und Sinn ist mir zuwider.
Mir tönt, wie Grabgesang und wildes Heulen,
Der Harf' und Flöte Lied, und die Drommete
Zerreißt mein Ohr in diesen todten Mauern.
Was sieht man hier? Der Höfling kriecht und lächelt,
Weil er es muß; des Guten Antlitz trauert —
Erzwungner Lärm bekämpft die Todtenstille.

Das Hofgepräng' erscheint mir wie ein Tünchwerk
Auf Gräbern. Sulamith, ich kann nicht dauern.

Sulamith.

Seltsamer Mensch, wie bist Du so verwandelt!
Sonst liebtest Du die laute Lust und Freude.

Gideon.

Die Freude lieb' ich noch; hier aber wohnet
Nur Klag' und Jammer —

Sulamith.

Die Gewohnheit lockt
Ins Freie Dich. Willst Du zu Felde ziehn?

Gideon.

Ja, Sulamith, ins Feld — doch nicht in jenes,
Wo Menschen sich erwürgen, will ich ziehn.
Zu meiner Heimath stillen schönen Hügeln,
Wo mir der Kindheit süße Tage schwanden —
Dahin verlangt mein sehnend Herz mit Dir!
Dies Schwerdt will ich zur Pflugschaar umgestalten,
Und, meine Sulamith, Dein theures Leben
Mit selbsterzogner Frucht und Blumen schmücken.

Sulamith.

Noch ist der Freuden Stund' uns nicht gekommen,
Mein Gideon —

Gideon.

Du liebest mich nicht mehr.

Sulamith.

Wohl lieb' ich Dich, und werde stets Dich lieben.
Wer aber soll des heil'gen Mannes pflegen,
Wer dem Verlaßnen Frücht' und Blumen bringen?

Gideon.

Umgeben ihn doch immer seine Jünger.

Sulamith.

Die trauren nur und füllen auch sein Herz
Mit stillem Gram. Allein wenn ich erscheine,
Dann lächelt er, ihm glänzt sein dunkles Auge.
Mein Gideon, ich kann ihn nicht verlassen.

Gideon.

Wohl ist er werth, daß Du ihn höher liebest
Als mich — —

Sulamith.

O, Gideon, wie kannst Du reden! —
Du bist mein Bräutigam, ich Deine Braut —
So sind wir glücklich. Ach, nicht also ist's
Dem frommen Mann. Soll Sulamith mit Trauern
Nach Hebron ziehen?

Gideon.

Nun, so bleib' ich ferner
Des Sünders Knecht und Waffenträger ...

Sulamith.

Lieber,
Der Sünde kannst und wirst Du nimmer dienen;
Dem Fürsten dienst Du, auch dem frommen Manne,
Und Deiner Braut. — Sag, diente nicht auch Jakob
Um Rahel sieben Jahr und aber sieben? —

Gideon.

Den Redlichen kann er nicht um sich dulden. —
Muß nicht der Hauptmann auch zu Felde ziehn?

Sulamith.

Das ist der Fürstin Schuld.

Gideon.

Nimm Dich in Acht,
Daß sie des Täufers Pflege nicht erfahre! —
Du kennst noch nicht des Weibes Wuth und Tücke.

Sulamith.

Auf Sulamith wird sie nicht nieder blicken,
Die Stolze — Leises Klopfen. Horch, wer kommt! —
Nicht wahr, es klopfte?

Die Vorigen. Arete, als Jüngling verkleidet.

Arete.

Ist hier das Haus des Oberkerkermeisters?

Sulamith.

Ja, wie Du sagst! Sei un willkommen, Fremdling!
Gewiß Du kamst zum königlichen Feste,
Und scheinst vom Weg' ermattet. Laß mich Dir
Ein wenig Brod und Wein zum Labsal reichen.

Arete.

Dank, Gute, Dir! Ein freundlicher Empfang
Erquickt den Pilger mehr als Brod und Wein.
Doch komm' ich nicht zum Fest. — Vielmehr — wie sollt' ich
Die Wahrheit Euch verheimlichen? — Zum Kerker
Führt mich mein Pfad. Ist nicht Johannes hier?

Sulamith.

Ja, leider!

Arete.

Rührt auch Dich des Mannes Schicksal? —
Sahst Du ihn selbst? Darf man sich frei ihm nahen?

Sulamith.

Du darfst. Johannes Jüngern hat der König
Erlaubt —

Arete.

Ich darf mich seinen Jünger nennen,
Wenn Lieb' und Achtung solch ein Recht begründen.
Was denkt man, wird der König ihn befrein?

Gideon.

Der König wohl — noch fehlet ihm der Muth,
Sich mit dem Blut der Unschuld zu beflecken —
Nicht also sie! Die freche Buhlerin
Wird ihm, sobald sie kann, das Leben nehmen.

Sulamith.

Bewahre Gott, mein Gideon! wie sprichst Du?

Gideon.

Der König liegt in dieses Satans Stricken —
Des todten Tigers Blut erfüllt das Herz
Der Enkelin. Der Sohn, ein schwacher Fuchs,
Verehrt in ihr des Vaters List und Kühnheit. —
So wird sie ungehemmt den Blutdurst stillen.

Arete.

Das soll nicht seyn! — Sagt, kanntet Ihr Arete?

Sulamith.

Ihr holdes Bild ist uns ins Herz gegraben.

Gideon.

Er tauscht' um Ophirs Gold der Straße Koth.

Sulamith.

Ach, jetzt erkennen wir, was wir verloren;
Die Unschuld hat er freventlich verstoßen.

Gideon.

Drum zog der Höllen Rotte bei ihm ein.

Arete.

Ihr überschätzt des schwachen Weibes Güte,
Die nichts von Herrscherkunst und Klugheit wußte.

Gideon.

Verdammte Kunst, die Lügen brütet, Trug
Und Mord gebiert.

Arete.

Nun, Freunde, seht in mir —
Ich darf mich Euch vertraun, Arete's Bruder!

Sulamith.

Arete's? — Ja! Ihr habt Arete's Augen,
Arete's Stirn' und Mund — o seid gesegnet!

Arete.

Nicht Rachsucht führt mich her — ich wünsche nur
Den Gottesmann zu sehn und möcht' ihn retten.

Sulamith.

O Heil und Segen Euch! Auch mein Gedanke
Bei Tag und Nacht ist des Propheten Rettung.

Gideon.

Ein zarter Jüngling und ein Mädchen wollen
Der Tyrannei die Brust entgegen stellen,
Und schwerer Fesseln zehnfach Eisen brechen!

Arete.

War Judith nicht Israels Retterin,
Und Esthers Weisheit und Gebet das Heil
Von Tausenden? — Die Tyrannei ist schwach.
Denn unstätt ist ihr Wandel, scheu ihr Blick,
Der, überall Verrath und Schwerdter ahndend,
Die nächste Schling' und Grube nicht erschaut.
Die Lieb' allein ist klug und wählt das Rechte.

Sulamith.

Fürwahr, dann ist Johannes bald gerettet!

Arete.

Der König kann den Gottesmann nicht hassen,
Er ist bethört, verführt, in fremden Schlingen.

Gideon.

Du richtest mild und recht. Des Weibes Stolz
Verführte ihn. Er gäbe dem Gefangnen
Die Freiheit, dürft' er nur. Doch desto schlimmer,

Daß er nicht darf. Ihn hält des Weibes Fessel —
Und dies' ist stärker als der Höllen Pforte —

Arete.

So werd' er denn durch Weibeshand erlöst! —
Ich bin kein Jüngling — wißt, ich bin Arete!

Sulamith.

O theure Fürstin, Hochgeliebte!

Arete.

Still!
Ihr nehmt als Jüngling mich, und nennt mich Nathan,
Den Geber! Nicht zu nehmen, kam ich hieher.
Nicht bloß Johannes, ihn den edeln Dulder,
Auch des verführten Königs Herz und Seele,
Die Schuld und Unschuld möcht' ich gerne lösen,
Zu Licht und Freiheit beide hinzuleiten.

Sulamith.

O schöner Wunsch! Bald wird Arete's Antlitz
Und Huld ein treues Volk dann stets beglücken.

Arete.

Nicht also, liebes Kind! Nie wird Peräa
Als Königin mich schaun, und nie ein Mann
Mein Herz gewinnen. Wenn Ihr nicht mehr Nathan
Mich nennen werdet, nennt mich Jephtahs Tochter! —
Mein Herz und Leben ist dem Herrn geweiht.
Ich bin getäuscht — mein Geist verlangt nach Wahrheit;

Sie wohnt verborgen, vor Jehovahs Antlitz —
Johannes soll empor zu ihr mich leiten!
Des Himmels Braut wünsch' ich zu seyn auf Erden.

Sulamith.

O welche Huld und Tugend zieht Johannes
Auf diese Burg. Wo Gold nur glänzt' und Silber,
Und schweres Eisen klirrte, strahlet nun
Der Wahrheit und der Tugend milder Schimmer,
Da tönen nun des Glaubens süße Worte. —
Ein frommer Mann ist gleichwie Davids Harfe —
Erst stimmt' er sie auf Bethlehms stillen Hügeln,
Nur Lämmer horchten seinen hohen Psalmen,
Und als auf Sions Höhn die Sait' erklang,
Da schuf und weckte sie viel tausend andre.

Gideon.

Und nach dem Sänger warf der finstre Saul
Den Speer . .

Sulamith.

Und traf die Wand. O Gideon,
Gieb nicht Dein Herz den traurigen Gedanken.

Gideon.

Ans Reich des Lichtes gränzt die düstre Nacht.
Des Dunkels Mächte hassen es und lauern.

Arete.

Doch wird das Licht die Finsterniß besiegen —
Die Nacht entflieht, sobald das Licht erscheinet.

Gideon.

Nicht stets erscheinet es; niemals auf Machäron —
Hier herrschet Jesabel und Naboth blutet —

Arete.

Woher Dir solche schreckenvolle Ahndung?

Sulamith zu Arete.

Seit kurzem füllt sie seine ganze Seele,
Die sonst mit freiem Muth die Freude liebte.
Ich nenn' ihn meinen Bräutigam; er will
Mich zu des Vaters Au'n gen Hebron führen.
Ich folg' ihm gerne, doch wie könnt' ich noch
Den Gottesmann verlassen, und der Freude
Mich freun, so lang' er selbst gebunden seufzet? —
Mein Gideon, es wird nicht ewig dauern —
Drum sei getrost und hilf uns klüglich rathen.
Ist jener frei, will Sulamith Dir folgen,
Und wie ein Lamm um Deine Wünsche spielen.

Arete.

Und mir auch sei dann Euer Hochzeittag
Ein Freudentag und Siegesfest der Unschuld!

Gideon.

Wohlan, es sei denn in Jehovahs Namen!

Sulamith zu Arete.

Nun, lieber Nathan, laß zur guten Mutter

Mich jetzt Dich führen. O sie wird sich freun
Den neuen Freund des Täufers zu erblicken,
Um den ihr Herz so schmerzhaft trauert — —

Arete.

Ach,
Warum entfernte mich von solchen Menschen
Geburt und Stand! An Höfen sieht man nur
Des Menschen Hülle, gleißend und verzieret
Mit buntem Glanz und äußerer Gebehrde;
Die Trübsal streift der Außenseite Tand.
So finden sich die gleichgeschaffnen Seelen,
Die, Engeln gleich, einander nie mißkennen,
Und sich durchschauend Freud' und Trauer theilen!
Komm, Schwester, komm, geleite mich zur Mutter!

Hand in Hand ab.

## Zimmer der Herodias.

Herodias. Zilla. Hernach Salome.

Herodias.

Du warst zugegen, Zilla. Nun, wie fandest
Du denn des Mädchens Tanz?

Zilla.

O wunderschön!
Der Grieche selbst erstaunt', als hätten, sagt' er,
Die Charitinnen selber sie gebildet.
Sie zeigt Dianens Würd' und Kypris Anmuth,
Wie Zephyrs Säuseln schweben ihre Schritte.

Herodias.

Erkennst Du nun, was Pfleg' und Kunst vermögen?
So wird ihr Geist sich auch allmählig heben
Zu ihrem Stand' und Rang. Gedenkt sie noch
Der alten Zeit?

Zilla.

Sie lebt nur in der Griechen
Und Römer Welt und Kunst; Judäas Ernst

Und finstrer Opfergott ist ihr zuwider —
Da kommt sie selbst.

Salome tritt herein.

Herodias.

Wo warst Du, Salome?

Salome.

Ich war im Garten, Blumen mir zu pflücken.

Herodias.

Doch hast Du keine?

Salome.

Hatt' ich doch die schönsten.
Da kam ein Mann, man nennet ihn Johannes,
(So sagte mir der Gärtner) hergewandelt.
Er sitzt gefangen auf der Burg; der König
Hat ihm erlaubt im Garten dann und wann
Sich zu ergehn. Dem gab ich meine Blumen.

Herodias.

Wie? dem Gefangnen gabst Du Deine Blumen?

Salome.

Nun ja! Ihr wißt, es machte stets mir Freude,
Zu schenken, und bedrückter Menschen Antlitz
Mit einmal aufzuhellen; mir zuwider
Sind andrer Menschen trüb' und saure Blicke.

Ich hätte lieber, alle wären lustig,
Und tanzten, scherzten fröhlich durch das Leben. —
Ein Traurender gemahnt mich, wie der Leier
Verstimmter Klang; ich mag und kann's nicht hören.
Ich muß den Wirbel fassen und sie stimmen.
Gelingt es nicht, so muß ich's doch versuchen.

Zilla.

Der frohe Sinn will Freud' und Frohsinn schaffen.

Herodias.

Nur — dem Gefangnen? — dachtest Du denn nicht —

Salome.

Ich dachte nichts; ich gab ihm meine Blumen —
Er dankte freundlich, und nun war mein Zweck
Erreicht; ich hüpfte fort. Wenn ich's vermöchte
Ich ließ ihn los. Wozu denn die Gefangnen?
Die Welt ist groß genug für alle Menschen.

Herodias.

Du Schwätzerin, wie kannst Du kindisch reden!
Weißt Du auch wohl, wem Du die Blumen schenktest?

Salome.

Nun ja, der Gärtner sagt, er heißt Johannes
Und sitzt in Haft. Was kümmert mich das andre?

Herodias.

Hast Du denn nie von Judas Gaulonites

Gehört? Er war ein Mann geschlank und edel
Von Antlitz und Gestalt —

Salome.

So scheint auch dieser.
Sein Wesen ist voll Ernst und eigner Würde.

Herodias.

Wie jenes Meuters! Dieser sprach zum Volke:
Wozu bedürfen wir der Fürsten? Schlagt sie,
Verbrennt und plündert Schlösser und Palläste!
Regiert euch selbst! Wie? wollt ihr Schoß und Zoll
Noch ferner geben? Ihr seid Abrams Kinder!
Wer Königen gehorcht und Fürsten ehret,
Entehrt sich selbst zum Knecht und Götzendiener! —
So predigt' er, und Tausend folgten wüthend
Des Aufruhrs Stimme, mordeten und sengten —
Die Freud' entfloh vor ihrem wilden Zuge,
Und schrecklich ward ein jedes Band zerrissen.
Hast Du Sephoris und der Städt' und Dörfer
Berußte Trümmer doch gesehn! — Das war
Des Judas Werk und seiner tollen Rotte.

Salome.

Was hat mit Judas dieser Mann zu schaffen?

Herodias.

Er denkt wie jener, nährt des Volkes Wahn,
Und trägt des Aufruhrs Gluth in seiner Seele.
Längst flammt' es, säß' er hier nicht auf Machäron.

Er hofft, ihn werde bald der Pöbel retten.
Denn draußen sinnt und tobt ein andrer Meuter. —

Salome.

Das hab' ich nicht in seinem Blick gelesen.
Er ist ein schöner Mann voll Würd' und freundlich.

Herodias.

Ja wohl, mein Kind, er ist ein edler Löwe,
Voll Trotz; kein Schakal, der den Raub umschleicht, —
Und dadurch eben doppelt stark und fährlich.
Durch seine Schuld umstarrt die Königsburg,
Zur freien Lust auf luft'ger Höh' erbaut,
Ein Wald von Speeren; hundert Riegel klirren,
Bevor ein Thor sich öffnet; und viel enger
Wird noch des Pöbels dumpfer Groll uns sperren.

Salome.

Dem wolle Zeus und alle Götter wehren!
Sollt' ich mein Leben hier im dunkeln Käfig
Vertrauren! Nein, ich liebe freie Luft,
Und Licht und Lust —

Zilla.

Fürwahr, es ist auch seltsam,
Daß wir des Mannes Schuld und Kerker theilen! —
So sollt' auch eilends ihn der König richten.

Herodias.

Wohl würde Freud' und Frohsinn dann erstehn,
Und unser Festtag festlicher erscheinen.

Salome.

Was hindert's denn? das wäre leicht gethan.
Hat er als Feind den Krieg und Streit begonnen,
So fall' er auch, nach Recht, sein erstes Opfer!

Herodias.

Mein Kind, Du sprichst vom Tod', als wär's ein Tanz
Von einem Saal zum andern.

Salome.

Nun, was ist's?
Er wird des Kerkers los, und wir des Zwingers.
Ließ Brutus doch die eignen Söhn' enthaupten,
Und Rom war frei . .

Herodias.

O, theure Tochter, nie
Hört' ich mit solchem Muth und Geist Dich reden!
Sei mir gesegnet! — Wahrlich, Du hast Recht —
Des Meuters Schweif, der feige Pöbel, wird
Von selbst ersterben, wenn das Haupt ihm fiel —
Getrost, mein Kind! Ich will bald jeden Mißlaut
Verscheuchen und zum König gehn. Bewahre
Dir Deinen frohen Sinn und hilf uns handeln!

Salome.

Nicht leicht wird mir der frohe Sinn verschwinden.
Nur möcht' ich gern der finstern Burg entfliehn.

Herodias.

Geduld! die neue Stadt, Tiberias,

Am See Genesareth ist bald vollendet.
Auf sanftem Hügel prangt der hohe Pallast,
Zu seinen Füßen blinkt des Meers Krystall,
Und zeigt die Kaiserstadt im blauen Spiegel,
Von fern erheben wunderschön der Tabor
Und Hermons Hochgebirg die stolzen Häupter.
Rings dehnet sich das Thal, ein andres Tempe,
Und kränzt die junge Stadt mit Palm' und Mirten.
Hier wird ein Schauplatz herrlich sich erheben,
Die Götterwelt der Griechen uns zu zeigen.

Salome.

O Mutter, Mutter! laß uns eilen! Enger,
Als jemals, dünkt mir nun Machärons Zwinger —

Herodias.

Erst müssen wir des Hauses stille Gluth
Vorsichtig löschen, eh' wir es verlassen. —
Du sollst der Jugend Frühling nicht vergrämen.
Vertraue mir! ich selber will Dich leiten. —
Jetzt geh, bereit' und schmücke Dich zum Feste.
Der Abend naht, die Feier wird beginnen!

Salome.

Wohlan, die Hoffnung soll mich lustig schmücken! —
Als tanzt' ich der verheißnen Freud' entgegen.

*Hüpfend ab.*

Herodias.

Jetzt fühl' ich mich beglückt, als Weib und Mutter. —

Das Mädchen ist wie neugeboren. — Zilla,
Ich danke Dir, und will Dir ferner danken.
Du warest würdig, daß ich Dir vertraute!

Zilla.

O theure Fürstin! — mein Verdienst ist klein —
Ihr überschätzt . . .

Herodias.

Dein Rufus kehrt als Hauptmann
Zurück; ihn schmückt der Sieges-, Dich der Braut-Kranz —
Uns allesamt beginnt ein neues Leben! —
Erfülltest Du beim Abschied meinen Auftrag
Und übergabest mein Geschenk ihm, Zilla?

Zilla.

Das Damascener Schwerdt für Alexander.

Herodias.

Das Schwerdt muß walten! erst zerreißt der Pflug
Der Erde Schooß; dann wächst der Halm empor,
Und bringt die Frucht. — Das Schwerdt ist unser Pflug. —
Noch heute muß das Haupt des Träumers fallen! —
Geh, schmücke Salome zum Fest, erhalte
Des Mädchens frohen Geist im leichten Fluge. —

Ab.

## Haus des Kerkermeisters.

### Innerer Hofraum.

**Herodes Philippus**, in der Kleidung eines Essäers.
**Marcus.**

Philippus.

Sei mir gegrüßt!

Marcus.

Ich danke Dir! Vermochtest
Auch Du die stille Wohnung zu verlassen,
Mit uns des Königs Ehrentag zu feiern?

Philippus.

Zur Feier komm' ich nicht. Ich wünsch' ein Kraut
Im königlichen Garten aufzuspüren.

Marcus.

Du irrest, Freund, hier wohnet nicht der Gärtner.

Philippus.

Das weiß ich. Sage mir, weilet hier ein Jüngling?

Sein Nam' ist Nathan. Diesen laß zuvor
Mich sehn und sprechen.

Marcus.

Harrt! ich will ihn rufen.

Ab.

Philippus allein.

Wie wird Arete mich empfangen? Traurend
Verließ ich sie — — o könnt' ich sie erfreun,
Und mir das Herz der Herrlichen gewinnen!

---

Herodes Philippus. Arete, als Jüngling.

---

Arete.

Heil Euch, Ehrwürd'ger! Wie! auch Ihr verließet
Das Heiligthum am Asphaltit und kommet ...

Philippus.

Ich komme für Arete! — Ihr zu dienen,
Ist mein Beruf, — ihr Leben zu bewachen
Und mir Arete's Liebe zu gewinnen!

Arete.

Ich fass' Euch nicht, mein Freund ...

Philippus.

Sieh, dies Gewand
Verhüllt ein andres! Er zeigt die Kriegeskleidung unter dem
Talar. Kennest Du Philippus?

Arete.

Mein Gott! —

Philippus.

Erschrick nicht! Sieh', ich folgte Dir,
Als Du das Heer verließest; jammernd klagte
Mir Sarah Deinen Aufenthalt, ich nahm
Dies Kleid; Dein Vater weiß, daß ich Dir folgte —
Ein köstlich Kleinod ward mir anvertraut!
Du hast den kühnen Schritt gewagt, Arete,
O laß mit Dir Gefahr und That mich theilen!

Arete.

Philippus, nein! — Ich darf und will kein Bündniß.
Mich leitet nur mein Herz. Nicht Rache will ich.
Mein Schicksal trag' ich gern. Johannes möcht' ich
Befrein. Er duldet Schmach um meinetwillen.

Philippus.

Das ist auch mein Begehr! ich will ihn retten —
Durch dies Gewand — Auf das weiße Essäerkleid deutend —
wenn das mißlingt, in diesem —

Das Kriegskleid zeigend.

Sieh, Babas rückt heran; ihm weichet alles,
Er wird Machäron stürmen; alles Volk

Ist ihm geneigt und flucht dem schnöden Weibe —
Vom Haupt des Bruders Gottes Fluch zu wenden —
Nicht Rache — ist mein Wunsch!

Arete.

Und was die Folge?

Philippus.

Sie steht in Gottes Hand! Ich will das Recht —
Mit Unrecht hat mein Vater mich verstoßen,
Mein Bruder Antipas besitzt mein Erbe. —
Das soll er theilen, daß des Unrechts Fluch
Sein Haupt und Haus nicht drück' und stürze; sie,
Die Buhlerin, verstößt er nach Verdienst,
Giebt mir mein Kind zurück. Dann hab' er Friede!
Arete's Huld und Liebe sei mein Lohn!

Arete.

Philippus, nein! ich darf und will kein Bündniß
Mit Menschen. Gott allein kennt meine Sache.
Auf Erden will und wünsch' ich nur das Eine,
Daß meinetwillen nicht die Unschuld leide.
Kannst Du dem Edeln seine Bande lösen,
So rett' ihn ohne Blut — ich will's Dir danken.

Philippus.

Genug für mich! — Arete, uns vereinet
Ein gleiches Unglück . . .

Arete.

Nicht unglücklich nenne,
Philippus, mich! — Ich war es niemals minder.
Gehab Dich wohl, und schaue, wie Du handelst.

Arete ab.

Philippus allein.

„Ich will dir danken! Schaue, wie du handelst!“ —
So sprach ihr holder Mund; wie Harfenlispel
Durchdringt Arete's Wort mir Herz und Leben.
Ihr Dank — o, welch ein Lohn! — Gewinn' ich mir
Ihr Herz, wie will ich dann mein Schicksal segnen! —
Um Kiesel hab' ich Perlen dann getauscht;
Wie will ich dich auf meinen Händen tragen,
Arete! jeden Lebenstag dir schmücken! —
O holder Nathan, gieb mir Lieb' um Liebe! — —
Wie schmücket sie des Jünglings Weis' und Haltung!
Wie strahlt ihr dunkles Aug' aus ihren Locken,
Den Quellen gleich im Palm' und Mirtenschatten,
Auf ihrem Antlitz himmlische Verklärung — —
Da öffnete der Lippen Purpursaum
Das sanfte Wort — — O würd' — ich wag' es kaum
Zu denken — dieses Herz — Arete — mein! — — —
Stark wie der Tod ist Liebe, wie das Grab
Ihr Eifer, ihre Gluth Jehovahs Flamme. —
Wohlan zur That, bevor der Tag sich neiget.

Ab.

## Zimmer im Hause des Marcus.

---

Elisabeth krank auf einem Ruhebett. Gideon.
Sulamith. Arete.

---

Arete tritt herein.

Es häufen sich die Wunder. Saht Ihr ihn?

Elisabeth.

Er war, so sagte Marcus, von den Stillen,
Die dort im öden Thal am Salzmeer wohnen.

Arete.

So zeigt' ihn sein Gewand. Es täuschte mich,
Wie meines Euch getäuscht. Es war Philippus.

Sulamith.

Philippus! — Gott! — des Königs Bruder!

Gideon.

Er,
Den Antipas um Weib und Kind betrog?

Arete.

Er war es selbst.

Gideon.

Ich meint', er sei im Lager.

Arete.

Von dannen kam er, mir vom theuren Vater
Gesendet ...

Gideon.

Edler war — ich kenn' ihn — keiner,
Von allen, die Herodes Blut' entsprossen.
Doch war sein Lohn und Loos der Trübsal Kelch,
Betrug und Haß und bittre Schmach und Unrecht.

Elisabeth.

O, schlimmer Unrecht thun, als Unrecht leiden.

Gideon.

Sein Vater haßt' ihn seiner Tugend willen.
Doch wagt' er's nicht die Hand an ihn zu legen.

Elisabeth.

Dem Guten müssen sich die Bösen bücken,
Die Frevler in den Thoren des Gerechten.

Gideon.

Dafür enterbt' er ihn — der wilde Bluthund —
Damit das Volk sich seiner nicht erfreue. —

Elisabeth.

Laß, Gideon, Dein Zürnen. Sind denn Kronen

Und Zepter Gottes Lohn? Ist's denn so köstlich,
Den blutbefleckten Herrscherthron zu erben?
Er wird sich seiner Trübsal freun und rühmen.

Gideon.

Nun raubt ihm noch der Bruder Weib und Kind —

Elisabeth.

Das Weib ist kein Verlust — des Kindes wird
Sich Gott erbarmen —

Arete.

Dieses will er retten —
Johannes auch. Er sagt, es nahe Babas,
Der Asmonäer, mit dem Kriegesheere.

Gideon, an sein Schwerdt schlagend.

Triumph! da wird's zum Kampf' und Streiten gehn!

Elisabeth.

O Gideon, ich beschwöre Dich, beflecke
Du Deine Hand mit keines Menschen Blut!

Gideon.

So zieht mit mir nach Hebrons stillen Auen,
Bevor der Krieg die Frevelburg zerstöret.
O Mutter, kommt und führet Sulamith
Und unsern Nathan in das Land des Friedens.
Ich will Johannes retten und Euch folgen.

Arete.

Folgt Ihr dem Rathe Gideons, Ihr Lieben —
Mich hält mein Herz zurück — —

Sulamith.

Nein, Gideon,
Wir ziehen nur vereint und froh von hinnen.

Elisabeth.

Mein Hebron ist nicht fern — ich seh' im Geist
Das Friedensland — ein andres stilles Mamre!

Sulamith.

Ach, Mutter — nein, ich weiß, Du wirst genesen.

Elisabeth.

Genesung! ja — ich fühle ihren Odem —
O möchte nur, mein letzter Wunsch auf Erden,
Des Herren Bote tröstend mir sich nahen!
Ich sehne mich, sein Angesicht zu schauen.

Sulamith.

Er darf es ja, so wird er sicher kommen,
Genesung Dir, uns allen Freude bringen. —

## Die Vorigen. Marcus. Johannes.

Gideon und Arete ziehen sich in den Hintergrund des Zimmers.

Sulamith.

Bei Gott, da kommt er —

Johannes.

Friede sei mit Euch!

Elisabeth.

Heil Dir, Mann Gottes! O, mein höchster Wunsch
Ist nun erfüllt, Du Mann des Heils und Friedens!
Ich sehnte mich noch einmal Dich zu schauen.

Johannes.

Ich bin ein Mensch, wie Du; nicht mir gebührt
Die Ehre. Mein Beruf ist, zu verkünden
Den Mann des Heils. Ich bin ein armer Bote
Deß, der da kommt in hoher Gnad' und Wahrheit.

Elisabeth.

Ach, würd' auch ich des Himmelreichs Genossin!

Johannes.

Es öffnet sich der frommen Sehnsucht, die
Dem Reich der Welt entsagt. Die Morgenröthe
Wird aus dem Schooß der dunkeln Nacht geboren.

Elisabeth.

Wer wird mich aus der Nacht zum Licht geleiten?
Wer von des Dunkels Banden mich erlösen,
Daß mir der Morgenstern mein Herz erhelle?

Johannes.

O glaube nur und fürchte nicht! Der Glaube
Besiegt die Welt und führt zum Licht und Schauen.

Elisabeth.

Ich glaub' und zittre. Wird der ernste Richter,
Vor dem der Seraph selbst sein Haupt verhüllt,
Wenn alle Himmel Heilig! Heilig! singen, —
Auf seine Magd voll Huld sein Antlitz neigen?
Was kann ich ihm zur Sühn und Opfer bringen?

Johannes.

Ein Herz voll Demuth! — Sieh', er ist die Liebe! —
Sein Reich beginnt. Er hat den Sohn gesendet —
Ein reines Gotteslamm — es trägt die Sünde
Der Welt und bringt uns Heil und Gnad' und Wahrheit. —
Er kam zur Erd' ein Mensch; so darf nicht mehr
Des Opfers Flamm' empor zum Himmel steigen.
In ihm erscheint der Menschheit Urbild wieder

Auf dunkler Erd', er wandelt ohne Sünde
Des Sünders Bahn, erneuet ist der Bund
Mit Gott auf ewig — er der Sohn das Opfer. —
Die Zeit der Furcht und Knechtschaft ist zerronnen —
So freue Dich und nenn' ihn glaubend — Vater!

Elisabeth

die Hände faltend mit aufwärts gerichtetem Blick.

O darf ich's wagen — Herr! — Jehovah! — Vater!
O Wort des Friedens — Herr — mein Gott — mein Vater —

Sie sinkt auf das Kissen mit geschlossenen Augen. Die andern sinken auf ihre Knie. Marcus steht an die Wand gelehnt.

Johannes.

Sie schlummert! Wohl ihr! — Die mit Thränen säen,
Mit Freuden ärndten sie. — Sie gehn und weinen
Und tragen edlen Samen, endlich kommen
Frohlockend sie und bringen ihre Garben.

Arete.

O segn' auch mich, Du frommer Friedensbote!

Sie wirft sich vor ihm nieder.

Johannes sie aufrichtend.

Ach Kindlein, nicht von mir, von oben kommt
Der Segen, und von ihm, dem Erstgebornen
Des Himmels, der in unsrer Mitte wandelt!

Arete.

Ich bin Arete, die verstoßne —

Johannes.

Du!

Arete? —

Arete.

Die gesegnete! Mich führt
Mein hart Geschick zum Licht, zu Dir, zur Wahrheit —
Ich segne diesen Tag — —

Johannes.

Kannst Du der Krone,
Dem Pallast und dem freudenvollen Leben
Entsagen und die Schmach und Trübsal dulden! —

Arete.

Nur dies Gewand ist Täuschung, klar und hell
Mein Herz und Wort — Ja, ich vermag's, Rabbuni!

Johannes.

Heil Dir! hast Du die Lust der Welt verläugnet,
So strebe, daß das Gottesreich Dir werde!
Dem Weibe wird das Heilige vertraut,
Daß es mit stillem sanftem Geist sein pflege. —
Ein hoher Glanz wird Dein Geschlecht umstrahlen! —

Trabant tritt herein, zu Marcus.

Nicht ferner soll der Fremdling sein Gemach
Verlassen! so gebeut des Königs Wille! Ab.

Marcus blickt Johannes schüchtern und ehrerbietig an, und tritt an die Thür. Alle drücken Besorgniß aus.

Johannes.

Getrost, Ihr Lieben! — Auf die Mutter hinblickend. Seht, wie sanft sie schlummert!

Sulamith.

Mir ist so bang', ach wird sie auch erwachen?

Johannes.

Getrost, mein Kind, dem Schlummer folgt Erwachen!
Der dunkeln Nacht die Morgenröthe. Amen!

## Garten der Burg.

Antipas. Herodes Philippus, als Essäer.

Antipas.

So spät noch Kräuter suchend? —

Philippus.

Ja, der Thau
Des Abends mehret manches Krautes Tugend —
So wie des Frommen Geist, wann ihm des Lebens
Gestirn sich neigt, verklärt und schöner leuchtet. —

Antipas.

Wie forschet Ihr der Kräuter Kraft und Tugend?

Philippus.

Wir nahen uns der Pflanzenwelt mit Liebe —
Nur ihr erschleußt die Schöpfung ihr Geheimniß.

Antipas.

Habt Ihr ein helfend Kraut für jedes Uebel?

Philippus.

Ja! wenn der Kranke nimmt, was wir verordnen,
Geneset er. Vermögen wir den Leib
Nicht zu erneun, so heilen wir die Seele.
Geneset sie, so hat der Mensch das Leben.

Antipas.

Und was verordnet Ihr?

Philippus.

Geduld und Wahrheit.

Antipas.

Und was ist Wahrheit?

Philippus.

Sich vom Bösen wenden,
Und Gutes thun.

Antipas.

Ihr redet gleich dem Täufer.
Ist er vielleicht von Eurem Bunde?

Philippus.

Nein!
Wenn nach der Hülle Du das Wesen richtest —
Ja! gilt der Geist Dir höher als das Fleisch —
Der Weisheit Freunde sind das Salz der Erde.
Das Salz ist Salz, gleichviel wo Du es findest —

Antipas.

Du scheinst des Täufers Freund?

Philippus.

Ein Freund der Wahrheit.
Fühlst Du Dich stark genug, sie zu vernehmen —
Gern dienet Dir die Kunst des Therapeuten.

Antipas.

Glaubst Du mich krank?

Philippus.

An Deiner Seele nagt
Ein schlimmer Aussatz. Eil' und laß Dich heilen,
Bevor er Dir Gebein und Mark vergiftet.
Laß los, den Du mit Unrecht hast gebunden!

Antipas.

Nicht schwer und drückend sind des Täufers Bande —
Er hätte längst vermocht, sie zu verlassen.

Philippus.

Du bandest ihn, Du selber mußt ihn lösen —
Und nicht die Hälfte nur, das Ganze wollen! —
Vollbringen mußt Du, was er Dir geboten.
Ist's Recht, daß Du des Bruders Haus verstörtest,
Ein Ehebrecher, Weib und Kind ihm raubtest? —
Das Heiligthum des Gastrechts schnöd' entweihtest? —
Ist Sodom und Gomorrha hier erstanden? —
So rette Dich, versöhne Deine Sünden,
Entlaß die Buhlerin, die Ungetreue,
Die Dich gefesselt in den Abgrund leitet!

Ist's Recht, daß Du des Bruders, des mit Unrecht
Enterbten, Gut und Eigenthum besitzest?
Versöhne denn des Vaters Sünde, gieb
Zurück, worauf der Fluch des Unrechts lastet! —
Dann wird wie Morgenroth Dein Licht erstehen,
Gerechtigkeit wird leuchtend vor Dir wandeln, —
Wo nicht, so wird zur Nacht Dein Mittag werden
Und Dich Jehovahs Fluch in Wüsten führen. —
So spricht der Wahrheit Wort aus meinem Munde —
Sucht sie Dein Herz, so laß Dein Herz sie finden!
Dann wird mein Wunsch erfüllt: Heil Dir und Friede!

Ab.

Antipas.

Verwegner Mönch! — mir solche schnöde Rede! — —
Dich schützt des Pöbels Wahn und Dein Gewand,
Sonst solltest Du mir schwer den Frevel büßen —
Des Landes Hälfte sollt' ich wieder geben,
Und mit Peräas Armuth mich begnügen? —
Und solches darf ein frecher Narr mir bieten!
Verhaßtes Judenvolk! — ich werd' ein Heide —
Ich will nicht jüdisch — römisch will ich handeln! —

Er sieht den Gärtner.

Nicht mehr verstattest Du den weißen Mönchen
Den freien Gang im königlichen Garten!

Ab.

Gärtner.

Hat jener ihm vielleicht ein bitter Kraut
Gereicht — kein Fürstenkraut — es heißet Wahrheit! —

## Fünfte Handlung.

Zimmer der Hohenpriester im Pallast.

---

Hannas. Kaiphas. Simon,
im Begriff abzureisen.

---

Simon.

Gehabt Euch wohl, Ehrwürd'ge!

Hannas.

Unsern Gruß
Dem Sanhedrin, vor allen Philo'n! — Morgen
Erwartet uns. *Simon ab.* Ha! stolzer Pharisäer,
So steig auch dir das Wasser an die Seele!

*Zu Kaiphas.*

Was sinnst Du?

Kaiphas.

Ich gedachte der Geschichte
Des Blindgebornen und der That zu Nain.

Hannas.

Ei, werd' ein Pharisäer, nimm den Satan
Zum Schlüssel Deines Räthsels!

Kaiphas.

Kann ein Wahn
Den andern lösen?

Hannas.

Kennest Du die Kunst,
Die Welt und Zeiten lenkt, womit ein Moseh
Ein neues Volk erschuf? — Verschleiert heißt sie
Kraft Gottes; unverhüllt — Betrug und Täuschung.

Hofbedienter öffnet die Thür.

Die Königin!

Ab.

---

Die Vorigen. Herodias.

---

Herodias.

Ehrwürd'ge Väter, nur
Ein Wort! Der König will die Häupter Sions
Begrüßen, eh' des Freudenmahls Beginn
Der Pauken und Drommeten Hall verkündet.
So bitt' ich Euch, erhöht des Festes Freude
Ihm, dem es gilt.

Hannas.

Und wie vermöchten wir
Der Fürstin Wunsch auf's Beste zu erfüllen?

Herodias.

Benehmt dem Stachel, der ihn quält, die Spitze! —
Ihr kennet seines Herzens weich Gewebe,
Und habt die Kunst, das schwache Rohr zu stärken.
Gern möcht' er immer noch des Tages Huld
Durch des Gefangnen Lösung offenbaren.
Doch sicherlich dem Volke zum Verderben!
Er aber meint, es sei sein Wunsch und Wille. —
Zum Unglück mußt' ein Schwärmer, dort vom Salzmeer,
Mit frechem Unsinn — schützt die Narren doch
Ihr weiß Gewand — im Garten ihm begegnen,
Und Fluch ihm drohn, wofern er nicht den Täufer,
Den heiligen Verkünder des Messias,
Der Haft entließe. — Dieses engt ihm nun
Das Herz. Ihr wisset, ihn erzog die Mutter
Durch Pharisäer; statt ihn für die Welt
Zu bilden, schwatzten sie vom Reich der Geister.
Genug für Euch! Ihr prüfet Herz und Nieren,
So werdet Ihr zur klaren Höh' und Ansicht
Die frömmelnde Verzagtheit leicht erheben,
Und zu dem Bunde, der mich Euch vereint,
Ein neues Glied, ehrwürd'ge Väter, fügen.

Hannas.

Vertrauet uns, verehrte Fürstin!

Herodias.

Schnell
Und kühn gebeut die Zeit zu handeln; Sion
Bedroht ein neuer Sturm; der andre Schwärmer
Erweckt die Todten, macht die Blinden sehend.

Hannas.

Wir wissen alles, und erkennen wohl,
Ein Opfer kann allein den Sturm versöhnen.

Herodias.

Ich bitt' Euch, dazu stärkt des Königs Geist!
Er naht; lebt wohl! Ich traue Eurer Weisheit.
Ihr soll, wie Salomo's, sich Glanz vermählen.

Alle ab.

## Wohnung des Kerkermeisters.

### Innerer Hofraum.

---

### Gideon. Sulamith. Arete.

---

Gideon
hereintretend zu den Beiden.

Jetzt fürchtet auch für Euch des Weibes Rache!
Sie ließ mich rufen, sprach mit süßen Worten,
Und lobte schmelchelnd meines Dienstes Treue.
Drauf sagte sie, ein Jüngling sei bei Marcus,
Man hab' ihn oft bei Sulamith gesehn . . .
Mir werd' ein Fremdling doch die Braut nicht nehmen.

Arete.

Ein arges Herz kann nur das Arge denken.

Sulamith.

Wie fein erdacht und doch wie weit gefehlt!
Sie will Dein Herz durch Eifersucht bethören,
O Gideon, wenn sie den Buhlen kennte.

Gideon.

Verhüte Gott! — Ich sprach: Er nennt sich Nathan,
Und scheint des Täufers Jünger und Gefreundter.
Drauf fragte sie, ob nicht auch ein Essäer
Dort weil'? — Es kämen je, war meine Antwort,
Des Ordens dann und wann, ein Kraut zu suchen.
Sie schwieg; ihr scheint von allem nichts verborgen,
Was hier geschieht, sie forscht und spüret . .

Arete.

Freilich,
Die Sünd' ist scheu; so regt sie Blick und Ohr
Nach allen Winkeln, lauschend und erspähend. —
Umsonst! sie trifft doch nicht das eine Wahre,
Und fällt zuletzt in ihre eignen Schlingen.
Für mich befürcht' ich nichts von ihr . .

Sulamith.

Auch ich nicht.

Gideon.

Auch für Johannes nicht? — Nun höret ferner.
Jetzt rühmte sie des Fürsten Lieb' und Zutraun
Zu mir, und sprach von baldiger Befördrung,
Nur müss' ich erst des Königs Herz erfreun
Durch einen Dienst. — Du meldest dich bei Hofe,
Als kämest du vom Feldherrn selbst gesendet.
Aretas Heer sei hart geschlagen, sagst du,
Und von Vitellius — ich weiß er naht —
Komm' eine Römerschaar und bring' uns Hülfe.

Nimm diesen Ring für deine Sulamith! —
Sie bot ihn dar, in feinem Golde glänzte
Der Edelstein —

Sulamith.

Und nun, mein Gideon?

Gideon.

Ich sprach darauf: Durch Treue nur vermag ich
Dem Fürstenhause, wie bisher, zu dienen.
Zur Falschheit kann nicht Ophirs Gold mich reizen.

Sulamith.

Du kühner Mann! Und welches war die Antwort?

Gideon.

Ein Flammenblick; doch faßte sie sich bald.
Du denkest, sprach sie, löblich, aber, Freund,
Du irrest. Wie könnt' ich ungerechtes fodern?
Vitellius, das weiß ich, sendet Hülfe;
Aretas ward von Rom der Krieg verboten,
Er weigert sich, die Waffen abzulegen;
Du weißt, die Römer zaudern nicht. — Nun, siehe,
Verfrühen will ich nur die Siegesbotschaft,
Den Freudentag des Königs zu erhöhn.
Du bist ein Krieger, Krieg erfodert Klugheit,
Du schadest Niemand und erfreust den König. —
Nicht mir gebührt, antwortet' ich, der That
Erfolg zu richten; auch vermag ich nicht,

Des eignen Herzens Widerspruch zu dämpfen.
Mein Vater hat zur Wahrheit mich gewöhnt.
Entlasset mich, ich bitt' Euch, dieses Auftrags.

Sulamith.

Du freier Mann, ich muß Dich doppelt lieben.

Gideon.

Sie maß mich nun vom Scheitel bis zur Sohle,
Und sprach mit Stolz: Ich achte die Gesinnung,
Doch bist du mir nicht auch Gehorsam schuldig?
Thu' deine Pflicht, mir überlaß das andre!
Dem Diener ziemt zu handeln, nicht zu richten. —
Nach Hebron, meiner Heimath, steht mein Sinn,
Antwortet' ich — ich will den König bitten,
Daß er Entlassung mir vom Dienst gewähre. —
Geh! sagte sie und wandte sich; ihr Blick
Glich eines Drachen Blick auf seine Beute. —
Jetzt fürcht' ich mehr als je des Weibes Rache.
Noch einmal! lasset uns gen Hebron ziehn!

Arete.

So lang der Edle hier in Banden schmachtet,
Vermag ich nicht, Zukünft'ges zu berechnen.
Gott setzet wohl der Arglist ihre Gränze.

Sulamith.

Und konnten wir die Mutter denn verlassen,
Die kranke? — Fürchte nichts, mein Gideon,
Johannes Gott und Muth sei auch der unsre!

Gideon.

Hier wehet Kerkerluft und Hauch des Todes.
Ach, könnt' ich Euch nach Mamre's Haine tragen!
Ein Himmelreich des Glaubens und der Liebe
Auf heil'gem Boden würd' uns dort erstehn,
Und in der Heimath friedlichstillen Schatten
Jehovahs Boten segnend um uns wandeln. —
Wär' Euch wie mir, Ihr flöhet diese Hölle. —
Ihr Glücklichen, mit Eurem stillen Herzen!
Mir fehlet Ruh' und Trost! — Ich geh' zum König;
Vorerst Entlassung! — Gott wird weiter helfen.

Ab.

Sulamith.

Ich sorg' um Gideon. Ach, möcht' auch ihn
Johannes Wort und Geist mit Ruh' erfüllen!

Arete.

O sorge nicht! — Der Sturm verweht; dann werden
Den edlen Stamm die stillen Früchte schmücken. —
Laß uns zur Mutter jetzt und dann zu Ihm —
Sein harren längst die duft'gen Kränz' und Salben.

Beide ab.

## Gemach der Hohenpriester.

### Antipas. Hannas. Kaiphas.

Antipas.

Befürchtet Ihr denn nichts, ehrwürd'ge Väter,
Von diesen Sekten für des Volkes Glauben?

Hannas.

Wer mag es ändern? Auch hat solcher Zwist
Sein Gutes: er erweckt durch äußern Reiz
Des alten Glaubens träge stockend Leben.

Antipas.

— Und was verschlüg' es, wenn er ganz erstürbe?

Hannas.

Das Volk — so spricht Israels weiser König —
Wird ohne Glauben wild; es würde bald
Der Herrschaft Joch und Bande von sich werfen.

Kaiphas.

Drum hüten Roms Beherrscher ihrer Götzen
Nicht minder, als Israel seines Gottes.

Antipas.

So dünket Euch der Glaub' ein Zaum und Zügel
Des Volks?

Hannas.

Läßt durch Vernunft ein Thier sich leiten?
Ist nicht das Volk ein tausendköpfig Thier?
Gehorsam kann es nur durch Furcht erlernen.
Im Donner gab Jehovah sein Gesetz.

Antipas.

Doch sind des Volkes Führer selbst nicht einig?

Hannas.

Sie halten all' auf Moseh Wort und Satzung.
Die Meinung selbst entgeht dem Volk'; es sieht
Das Aeuß're nur, und solchem zu genügen
Erfodert Pflicht und Klugheit.

Antipas.

Welche Lehre
Zieht Ihr der andern vor? — Ich wünsche, Väter,
Von Euch belehrt, in Eurem Geist zu denken.

Hannas.

Wir halten es mit Sadoks Lehr' und Weisheit,
Jedoch verbergen wir's dem Ungeweihten.
Das Volk bedarf der Pharisäer Satzung.
Bestimmt, das Joch zu tragen, muß es glauben,

Jehovah leit' und ordne jedes Schicksal,
Belohne Gutes, strafe Trug und Sünde
Hier und im Todtenreich; einst werd' er gar
Verwes'ten Staub zu neuem Leben wecken.

Antipas.

Und Sadoks Jünger halten nichts von diesem?

Hannas.

Selbstständig traun sie dem nur, was der Geist
Dem Denker zeugt.

Kaiphas.

Dem Pöbel gönnen sie
Die Hülle . .

Antipas.

Scheint doch jedem ein Gesetz
Ins Herz gepflanzt . . . Erkennet nicht der Mensch
Was recht und unrecht, scheidet bös' und gutes
Und richtet sein und andrer Thun und Lassen?

Hannas.

Wir nennen schön, was uns ergötzet; gut
Und recht, was nutzt. Von Jugend auf gewöhnt uns
Der Eltern Wort, des Lehrers Ernst, der Weltlauf,
Zu denken, wie das Bürgerwohl es heischet.
So wähnen wir, uns habe Gott ins Herz
Gepflanzt, was Menschenwitz hineingekünstelt.

Antipas.

Auch des Gewissens Stimme wär' ein Wahn!

Hannas.

Preist nicht als einzig schön der Wüste Sohn
Sein schwarzes Angesicht und zottig Haar?
Ihn ekelt vor Damaskus Milch und Rosen.
In Molochs glüh'nde Arme trägt die Mutter
Den Säugling, opfert weinend ihn dem Götzen,
Und kehret dann versühnt zur öden Heimath. —
Wir nennen's Wahn und Tollheit, jene Tugend.
Klopft auch ein andres Herz in jenen Busen?

Antipas.

Ich fass' Euch, Väter. Aber, Gott im Himmel!
Was bleibt dem Glauben, das nicht Wahn sei?

Hannas.

Nichts!
Ein jeder Glaub' ist Täuschung; Glauben, Wähnen. —
Er ist das leere Nichts, aus welchem Gott,
Das heißt der Kluge, seine Welt erbaut. —
Du bist des Volkes Fürst, wir seine Priester,
Von Gott gesalbt. — Erweis't die Salbung! — Hat
Sie Euch und uns Gebein und Fleisch verwandelt?
Sind wir aus anderm Stoff als uns're Knechte? —
Auf leerem Nichts steht unser Stuhl gegründet,
Und doch so fest, als and'res, was aus Nichts ward.

Antipas.

Ihr denket tief und kühn! — — Was lehret Ihr
Von jener Welt und künftigen Gerichten?

Hannas.

Wir folgen Moseh Satzung. Ihm genügte
Der Erde Fluch und Segen; späterhin
Entwuchs das Volk der Zucht, da heischte Klugheit,
Es durch der Zukunft Schreckenbild zu zähmen.
So steht es jetzt; wir ehren diese Satzung.

Antipas.

Was hat denn unser hochgepries'ner Glaube
Voraus vor Mizraims und Roma's Götzen?

Hannas.

Die Furcht und Einfalt —

Antipas.

Jener hat die Lust —

Hannas.

Wohl für das Volk, mit nichten für den Herrscher.
Vielgötterei verführt zum Wahn der Freiheit;
Nur Legionen hemmen die Empörung.

Antipas.

Gebricht's Judäa denn an gleichem Sinne?

Hannas.

Aus eignem Stamm wünscht unser Volk sich Herrscher,
Das Römerjoch nur dünkt ihm unerträglich.
Drum reizet jeder Schwärmer und Empörer
Es leicht, für den Messias ihn zu halten,
Und wähnt durch ihn das Heidenjoch zu brechen,
Und Davids Thron auf Sion neu zu gründen.

Antipas.

Man sollte diesen Wahn dem Volke nehmen.

Hannas.

Verzeih', o König, wenn ich widerspreche.
Der Wahn ist unserm Volke Schild und Siegel
Der Freiheit ..

Antipas.

Wie?

Hannas.

Vernimm! Nur nicht ein Schwärmer,
Kein armer Schwächling ohne Geld und Waffen,
Muß sich des hohen Heldenstücks vermessen.
Ein Mann von Geist und Kraft, ein Fürst aus Juda,
Herodes gleich an Muth und schneller Weisheit,
Ein solcher muß Israels Schilo werden!

Antipas.

Ehrwürd'ge Väter, fass' ich Eure Rede?

Hannas.

Hätt' Euer Vater seinen Ruf verstanden,
Augustus Schmeicheleien kühn verachtet,
Des Volkes Wahn und Glauben klug geschont:
Auf Sion stände Davids Stuhl! — Ihr hättet,
Was Du erringen kannst, wofern Du willst . .

Antipas.

Ist unsre Macht dem Römerreich gewachsen?

Hannas.

Verlangt denn nicht die unterjochte Welt
Nach Freiheit? — Seufzet nicht der Orient
Und Occident?

Antipas.

O sagt, was muß geschehn?
Ich will mit Euch! Ich bitt' Euch, rathet, helfet,
Und theilet dann mit mir den Lohn des Sieges!

Hannas.

Erst müssen wir des Volkes Wahn, der jenen
Verwegnen Schwärmern blindlings traut, ersticken,
Die göttlicher Gesandtschaft keck sich rühmen. —
Ihr habt den Herold; weg mit ihm! Wir werden
Den Afterkönig, der den Tempel reinigt,
Und Blinde sehend macht, zu fahen wissen. —

Doch laßt uns klüglich und verschwiegen handeln,
Das Erste thun, das Andre dann erwägen.
Für jetzt genug! — Die Zeit wird schon gebieten!

Antipas.

Es sei, Ehrwürd'ge! — So verlass' ich Euch
Mit Freud' und Dank, um bald bei frohem Mahl
An Eurer Seite mich des Tags zu freuen,
Den Eure Weisheit mir erhöht und krönet.

Hannas.

Wir danken Euch! — Sei Euer Ehrentag
Uns auch ein Bundesfest zum Heil Israels!

Antipas ab.

## Kaiphas und Hannas.

Kaiphas.

Ich fass' Euch nicht, mein Vater! — War es Ernst,
Was Ihr dem Fürsten sagtet, oder Spott?

Hannas.

Wohl überlegt, mein Sohn! — So ward dem Thoren
Die letzte Kraft geraubt. Ihn hielt und schreckte
Der Kindheit Wahn und Aberglaube. Diesen
Zerstörte Sadoks kühne Lehr' und Satzung.
Zu schwach, um selbst zu denken und zu wählen,
Vernimmt er gern, was seinen Lüsten schmeichelt.
So birgt der Fuchs sich in des Dachses Höhle.

Kaiphas.

Er ein Messias!

Hannas.

Schmeichler haben längst
Mit diesem Wahn den Albernen gekitzelt.

Kaiphas.

Und der Erfolg?

Hannas.

Zerrüttet in sich selbst —
Denn sein Gehirn kann nicht das Große fassen —
Vermögen wir den Eiteln jetzt zu leiten.

Kaiphas.

Wohin?

Hannas.

Vorerst, den Täufer zu verdammen,
Dann, uns des andern Schicksal zu belassen,
Und, wo es nöthig, uns die Hand zu bieten. —
Zuletzt wird er dann selbst durch seinen Wahn,
Wenn's uns beliebt, des Kaisers Gunst verscherzen,
Und wir vereinen die zertrennten Stämme! —
Nur erst Ein Volk — dann dürfen wir, vereint,
Ein eigenes und frei zu werden hoffen! —
Ein wenig Sauerteig durchgährt die Masse —

Kaiphas.

Erstaunt verehr' ich Eure Weisheit, Vater! —

Beide ab.

## Antipas Zimmer.

### Antipas. Malchas.

Antipas.

Hast Du ihn ausgeforscht? Was sagt' er, Malchas?

Malchas.

Sein Wort ist kühn und seltsam, frei sein Wesen. —
Wie ließ' es sich von solchem Schwärmer anders
Erwarten . . .

Antipas.

Rede frei und offen!

Malchas.

Ein Prophet,
Begann er, bin ich nicht! — — Mein Herr und König
Erlasse mir des Mannes kecke Rede!

Antipas.

Verschweige nichts! — Seit ich die Priester sah,
Bin ich gefaßt . . .

Malchas.

Laß deinen König, sprach er,
Sich selbst befragen! In des Herzens Tiefe
Weissaget jedem Gott-Jehovahs Stimme!
Der beste Seher wohnt im eignen Busen.
So stelle sich dein Herr um Mitternacht
Auf seines Pallasts Zinn' und seh' am Himmel
Jehovahs Heer! Hier richt' er seine Seele!
Dann blick' er auf Herodion und schaue
Des Vaters Grab; hier richt' er seine Größe! —

Antipas.

Essäerwahn und Pharisäerweisheit!
Erfragtest Du des Kriegs Erfolg und Ende?

Malchas.

Ich that nach meines Herrn Gebot, doch fleh' ich,
Erlaß die Antwort Deinem Knecht . .

Antipas.

Nein, rede!
Verhehle nichts, ich hör' es sonder Grämen.

Malchas.

Der Freche sprach: Ein Geist, wie Sauls, beherrscht
Den König Antipas. Sich selbst mißtrauend,
Weil ihn die Lüg' umstrickt mit tausend Banden,
Verdammt vom eignen Geist, will er die Geister
Erspähn, wie der zu Endor. — Warn' ihn, ehe

Sein eignes Schwerdt auch ihm die Brust durchbohrt. —
Noch ist es Zeit. Das sei mein letzter Rath! —
Folgt er und reißt sich los, so wird er leben;
Wo nicht, so wird zum Hohn des Heiligsten —
Und dann auch zum Gericht die Sünd' ihn führen.
So sprach der kühne Mensch. Verzeih', o König!

Antipas.

Genug des Unsinns! — Säh' der Unglücksseher,
Der unablässig Dunst und Nebel haschet,
Die Grube doch, die vor ihm gähnt, das Schwerdt,
Das über ihm am dünnen Faden schwebet! —
Noch ein Versuch, der letzte, ihn zu retten,
War Deine Sendung, Malchas. Sieh', er will nicht.
So ärndt' er seiner Thorheit Frucht! — Was meinst Du?

Malchas.

Das Volk verehrt ihn; wähnt des Krieges Unheil
Sei seines Kerkers Schuld . . .

Antipas.

Des Krieges Unheil?

Malchas.

Babas — verhüt' es Gott! — so spricht das Volk,
Schlug unser Heer und rücket auf Machärus.

Antipas.

Der Asmonäer Babas? Leer Geschwätz . .

Malchas.

Des Mondes Antlitz schein' in Blut getaucht —
Die Erde bebe . . .

Antipas.

Hat auch Dir der Schwärmer
Das Hirn verkehrt?

Malchas.

Ich melde nur, mein König,
Des Volks Gerede. Gleich dem dumpfen Tosen
Im finstern Bauch der Erde droht es oft
Die nah' Erschütt'rung . . .

Antipas.

Geh! Malchas ab. Verdammtes Zerren!
Muß Wahn und Wahrheit — alles mich zerquälen?
Ich bin ein Mann! So will ich männlich handeln.

## Gideon. Antipas.

Gideon.

Heil sei dem König! Du befahlst, hier bin ich.

Antipas.

Zum Lohn für Deinen treuen Dienst versiehst Du
Fortan des Hauptmanns Amt. Mein Ehrentag
Sei auch der Deine!

Gideon.

Dank für diese Gnade,
Mein Herr und König! Aber wie vermag
Des Pfluges Sohn solch fürstlich Amt zu zieren?

Antipas.

Des Amtes beste Zierd' ist Muth und Treue.

Gideon.

Mein alter Vater wohnt in Hebron; längst
Gebot er mir, den Harnisch abzugürten,
Und, seines Alters Schirm, der Väter Erbe
Zu baun. Ich kam, mir dieses zu erflehn.
Gewähre mir, mein König, diese Gnade,
Für jene laß den Würdigern Dir danken.

Antipas.

Nein, jetzt bedarf ich Deines Dienstes; bleibe! —
Du zögerst? — scheuest Du des Kriegs Gefahr?

Gideon.

Verdient' ich je der Feigheit schnöden Vorwurf?

Antipas.

Hat etwa Dir des Pöbels Aberglaube
Und jenes Schwärmers Wahn das Herz gewendet?

Gideon.

Mich kümmert nicht des Pöbels Wahn. Johannes,
Wofern Du diesen meinest, ist kein Schwärmer;
Was ich begehre, weiß ich aus mir selbst.
Mich ruft des alten Vaters heil'ge Stimme.
Drum bitt' ich, Herr, entlasse mich des Amtes,
Und nimm dies Schwerdt zurück mit meinem Danke. —

Antipas fest.

Nein! — Dir vertrau' ich meines Schlosses Wache.
Gehorch und nimm Dein Schwerdt. Kein Wort! — ich
will es!

Ab.

Gideon.

Wohlan! ich muß! — Ein eisern Schicksal fesselt
Mich wider Willen an dies blut'ge Werkzeug,
Und hemmet mir den Weg zum süßen Frieden! — —
Ach, Sulamith! — du wolltest nicht, nun muß ich.

## Hofraum im Hause des Kerkermeisters.

Herodes Philippus. Arete zu ihm hereintretend.

Philippus.

Umsonst! — Mißlingen muß, was ich beginne! — —

Arete.

Wem zürnest Du, mein Freund?

Philippus.

Ich ging zum Kerker,
Entdeckte mich, und bat ihn, sein Gewand
Mit diesem zu vertauschen; ungehindert
Vermocht' er, als Essäer durch die Wachen
Zum Asphaltit zu gehn, er war gerettet.

Arete.

Und wollte nicht?

Philippus.

Er sprach: Nicht mir geziemt
Betrug und List! — Sollt' ich, der Wahrheit Bote,

In feiger Selbstsucht ihr Verräther werden,
Das Leben stehlen, seiner mich zu schämen?
Du meinest nicht was göttlich ist, Philippus.
O sei nicht ferner des Versuchers Helfer! —
So sagt' er, reichte freundlich mir die Hand,
Und sprach: Philippus, Gott ist Licht und Wahrheit!
Ich stand beschämt und ging voll heil'ger Ehrfurcht —

Arete.

Doch traf ich Dich voll Unmuth — —

Philippus.

Solchen Mann
Zu retten war und ist mein höchster Wunsch.
Darf man die Bosheit nicht durch List bekämpfen!

Arete.

Dem edlen Mann geziemet Kraft und Wahrheit —

Philippus.

Dir schwör' ich beides! Aber ohne Dich
Vermag ich nichts, Arete! — O gewähre
Mir meines Herzens höchsten Wunsch und Sehnen,
Dich — durch das Leben liebevoll zu leiten!
Du wohnst und lebst allein in diesem Herzen.

Arete.

Philippus nein! in meinem Herzen wohnt
Ein andres Leben, dieses wird mich leiten.
Dem heil'gen Dulder weiht sich meine Seele.
Nichts Irdisches kann ferner mich berühren.

### Philippus.

Ist denn, Arete, diese Flamme Gottes,
Die mich durchdringt, ist dieses Hochgefühl,
Das Dich umfaßt mit unnennbarer Inbrunst,
Und mir zu jedem Opfer Muth und Kraft
Verleihen wird — ist dieses Staub und Erde? —

### Arete.

Zu jedem Opfer? — Prüfe Dich! Du meinest
Nur mich, die vor Dir steht und zu Dir redet.
Wie eine Flamm' umwallt mich Deine Liebe.
Philippus nein! — Die Flamm' ist irdisch! Himmlisch
Ist nur das Licht! — So opfre Deine Flamme
Dem stillen Licht, das unvergänglich leuchtend
Das Irdische dem Himmlischen vermählet — —

Marcus tritt eilig herein.

Gott steh' uns bei! — Nun sagt, was wird es werden?
Wißt, unser Heer ist jämmerlich geschlagen,
Aretas hat gesiegt und Babas rückt
Mit Eil' auf unsre Burg; Herodion
Wird eingeschlossen. Himmel, welch ein Festtag! —
Ich geh', berathet Euch, was wir beginnen.

Ab.

Pause. Arete steht nachdenkend.

### Philippus.

Vernahmest Du des Mannes Red' und Botschaft?

Arete.

Es ist nicht meine Schuld, wenn tausend fallen.

Philippus.

Bald wird der Krieg sich dieser Veste nahn —
Drum laß mich schnell zum Vater Dich geleiten.

Arete.

Ich danke Dir. Sei unbesorgt, Philippus!
Ich hoff' und fürchte nichts in diesen Mauern
Für mich; doch darf ich sie noch nicht verlassen.
Dich aber bitt' ich, Freund, entferne Dich,
Bevor man Dich entdeckt.

Philippus.

Mein Leben war
Ein süßer Traum; das Traumbild ist zerronnen,
Mit ihm des Lebens Glanz.

Arete.

War es ein Traum,
So werd' es jetzt ein Leben! Dieses soll
Durch eigne Kraft der Mann sich selbst gewinnen,
Der Welt entsagend seine Welt sich bilden,
Und aus der Prüfung reines Gold hervorgehn.

Philippus.

Du redest kühn und männlich.

Arete.

Also redet
Die neue Zeit, mein Freund. Sie fodert Opfer,
Den neuen Bund, den göttlichen, zu schließen,
Den er, der Wüste, jetzt des Kerkers Stimme,
Die Welt verläugnend aller Welt verkündet.
Schleuß ihm Dich an, so sind wir eng verbunden!

Philippus.

O Gott, mich drückt des Vaters Fluch — — ich stürze
Mich in die Woge meines Schicksals. — Fort

Er wirft das Essäerkleid von sich.

Mit diesem Todtenkleid! So findet leichter
Das Schwerdt den Weg zu meinem armen Leben. —
Gehab Dich wohl, Arete. Nicht um Liebe,
Um Mitleid fleh' ich Dich. Leb' wohl, Arete!

Eilig ab.

Arete allein.

Der Arme! — — Bin ich denn zum Born des Todes
Ersehn, und muß an mich und mein Geschick
Sich Krieg und andrer Noth und Unheil ketten? —
Urquell des Lichts, erbarme du dich meiner!
Laß aus der Prüfung mich gestärkt hervorgehn,
Erquicke du mein Herz mit deinem Lichte! —

## Arete. Sulamith. Hernach Gideon.

### Sulamith.

O komm, Geliebte, komm mit mir zur Mutter.
Ach Gott! sie sagt, sie werde bald vollenden.
Ich muß es glauben, denn mit jeder Stunde
Verklärt sich himmlischer ihr Aug' und Antlitz —
O könnt' ich mit der lieben Mutter sterben!
Mit ihr verschwindet mir des Lebens Freude.

### Arete.

O zittr' und weine nicht! Gönn' ihr den Kranz,
Der bald der Dulderin verklärtes Haupt
Umstrahlen wird! — Was willst Du mehr vom Leben?
Hast Du, o Sulamith, nicht Deinen Nathan?
Ist Freundschaft nicht ein himmlisch neues Leben
In Noth und Tod? Komm an dies Herz, Geliebte!
Dann, Schwester, zur Verklärung unsrer Mutter! —

Sie halten sich umschlungen.

### Gideon

tritt herein und schlingt seine Arme um Beide.

O schöner Bund! — Nehmt mich zum Dritten auf,
Und laßt zum letzten Mal Euch so umarmen — —

### Sulamith ängstlich sich loswindend.

Zum letzten Mal? mein Gideon!

Gideon mit ruhigem Ton.

Wir werden
Uns schwerlich heute wiedersehn; der König
Hat statt verlangten Abschieds mich zum Hauptmann
Bestellt für Pollio. Er sprach's und ging.
Ich habe keinen Willen mehr; so thu' ich,
Was mein Geschick gebietet, und vielleicht
Ersah es mich, Johannes zu befrein,
Wo nicht, mit ihm — —

Sulamith ihn umarmend.

O nein, Du mein Geliebter!

Gideon.

Herodias sinnet nur auf sein Verderben;
Die Heere nahn — — Noch einmal, geht nach Hebron!
Bald schließet sich der Weg! — — o, geht nach Hebron!

Arete.

Befürchte nichts! Ich schütze Sulamith.
Ich bin ihr Jonathan! — Komm, Braut, zur Mutter!
Ihr Segen soll uns Herz und Muth beleben!
Sei ruhig, Bräutigam, wir sehn uns wieder!

Arete und Sulamith ab.

Gideon allein.

So schweb' ich Armer zwischen Höll' und Himmel.
Gerechter Gott! wie wird sich alles lösen!

Ab.

## Herodias Zimmer.

Herodias. Hernach Salome. Zilla. Xanthus.

Trompeten aus der Ferne.

Herodias allein.

Die Stund' ist da! — Jetzt oder niemals! — Seltsam!
Auch mich ergreift ein feiger Schauder. — Steckt
Die Feigheit an, gleichwie des Trägen Gähnen? —
Stockt jetzt zum ersten Mal des großen Ahnherrn
Geblüt und Muth in meinen Adern? — Schande!
Um eines Narren Haupt so viel Bedenken,
Als wären's tausend Leben! — Nein! — nicht heimlich,
Vor aller Welt empfang' er sein Gericht!
Sein blutend blasses Haupt soll man mir bringen,
Auf daß mein Blick sich an des stummen Mundes
Erstarrter Zung' und an der blassen Stirn
Erquicke. — Antipas, du sollst in mir
Herodes schaun! Du selbst sollst deinen Liebling
Verdammen und ein Kind das Opfer fodern! . . .

Salome tritt geschmückt herein, mit ihr Zilla und Xanthus.

Herodias.

Ha! Königstochter! — So geziemt es Dir
Einherzuschreiten voller Würd' und Hoheit! —
Wie lockt der Blumen mildes Licht das Auge
Des Lüsternen, doch zähmt den kühnen Blick
Der Stein' und Perlen Glanz, die Dich umleuchten.
Du gleichst, o Salome, der holden Göttin
Von Amathunt, die alle Welt bezaubert!
Dank, Zilla, Dir! Dank Dir, kunstreicher Xanthos!

Xanthus.

Nicht uns gebührt des hohen Dankes Gabe,
Es ist der Fürstin eigne Wahl und Kunst.
Viel edler noch wird sich im Griechentanz'
Ihr hoher Sinn entfalten, gleich als säh' man
Der holden Schwestern Kunst und Gaben alle
In ihr vereint . . .

Herodias.

Wie sich so schön die Charis
Bescheidenheit der Kunst vermählt! — Was wird denn
Mit ihr der Meister uns zu schauen geben?

Xanthus.

Nach langem Sinnen, edle Königin,
Was solchen Tag zu zieren würdig wäre,
Erkohr ich Alexanders Fest. Die Fürstin

Ist Thais, die Besiegerin des Helden,
Und meine Kunst, dem Helden gleich an Kühnheit,
Ihr müssen des Olympus Götter dienen —
Wird ihn, den Kunst und Schönheit überwinden,
Euch darzustellen wagen: wie entflammt
Zur Rach', und Flammen in der Hand, er Thais
Folgt und im Brand der Königsstadt die Schmach
Von Hellas sühnt ...

Herodias.

O herrlich! an der Wahl
Erkennet man den Meister! — Aber wird ihm
Auch Thais Kunst — so frägt mein Herz — genügen?

Xanthus.

O Königin, ich sage nicht zu viel,
Die Fürstin wird ihr Urbild übertreffen.

Salome.

Es ist der Griechen Art, das merke, Mutter,
Auch ihre Rede so durch Kunst zu ordnen,
Daß nur das Schön' erscheinet, nicht das Wahre.
Die Künste schmeicheln; sollt' es nicht der Künstler?

Xanthus.

Ein falsches Lob, o Fürstin, würde mich
Und meine Kunst verkleinern. Mög' Athens
Und Roma's Kennerblick sie richtend schauen!

Herodias.

Nun lange wird Machärus dumpfer Zwinger
Uns nicht verschließen. Pflanzt man auch die Palme
In Kerker? Unser harrt Tiberias,
Und dann die Kaiserstadt. — Da wirst Du staunen,
Mein Kind, und Dich des Lebens freun. Noch hält
Der Wahnsinn uns versperrt; doch heute soll
Des dumpfen Zwingers Kett' und Riegel fallen!
Sei wacker, Kind, und folge jedem Wink,
Der, wohlbedacht, Dich bei dem Feste leitet!
Sei kühn und frei! Am Ziel ist Lohn und Freude ...
Begleite sie jetzt, Zilla, Xanthos bleibe!

Salome und Zilla ab.

---

Herodias. Xanthus.

---

Herodias.

Dir meinen Dank zu sagen, guter Xanthos,
Behielt ich Dich zurück. Was jene Sänger
Der alten Hellas, sei Du meinem Hofe!

Xanthus knieend.

Erhabne Fürstin! Here's Huld und Hoheit
Und Kypris Anmuth strahlt aus diesen Blicken.

Herodias ihm die Hand reichend.

Steh auf, mein Freund! — Dein harrt ein größ'rer Lohn —
Ich liebe Hellas Kunst; Judäas Murrsinn
Ist mir verhaßt! — Hier sitzt das Haupt der Hyder;
Johannes heißt er, Antipas beschützt ihn.
Heut' muß er fallen! Wink' ich Dir, so sprich
Zu Salome: Johannes Haupt! Verstehst Du? —

Xanthus.

Und gält' es Xanthos Haupt, ich spräch' es, Fürstin!

Herodias.

Sei Deines Lohns gewiß! Trompeten und Pauken aus der Ferne. Man ruft zum Gastmahl! —

Beide ab.

## Gefängniß des Johannes.

### Johannes. Pollio.

Johannes.

Noch weilst Du hier?

Pollio.

Ich kann nicht, theurer Meister!
Noch einmal fleh' ich, laß, ach laß Dich retten!
Laß mich das Werkzeug seyn in Gottes Händen.

Johannes.

Ist Gottes Hand an Dich, mein Freund, gebunden?
Nimm meinen Dank für Deinen guten Willen,
Und störe nun nicht ferner meine Ruh! —
Was Du begehrest, kann mir nicht geziemen. —
Wie würdest Du den Krieger richten, der,
Den seiner Huth vertrauten Stand verlassend,
Sein Leben lös'te? Freund, mir ward die Schwelle
Des Himmelreichs vertraut!

Pollio.

Darf man dem Trug
Der Bosheit nicht entgehn?

Johannes.

Durch Trug und List?
Nein, Pollio!

Pollio.

So hör'! ich weiß, Dir drohet
Ein Mordanschlag — Du sollst den Tag nicht sehn...

Johannes.

Wird's nur auf Erden Tag? — O, Pollio,
Von oben kommt das Licht! Da wohnt der Tag!

---

Die Jünger. Die Vorigen.

---

Pollio tritt in den Hintergrund.

Jakobus.

Vollbracht ist unsre Farth! Wir sahn ihn, Meister.

Andreas.

Nicht fern von Nain; Tausende umjauchzten
Den Göttlichen! Wir hörten seine Stimme...

Bartholomäus.

Wir sahn sein Angesicht ...

Johannes.

Seid mir gesegnet!
Ihr kommt von Ihm! o seid willkommen! Glänzen
Doch Eure Blicke noch von seinem Anschaun.
Wie war Euch, Kinder? Redet und erzählet!

Jakobus.

Vermöchten wir es nur! — Ja, er ist höher,
Als Du, Johannes!

Johannes.

O, nicht Fleisch und Blut
Gab Dir dies Wort, Gott gab es Dir, Jakobus.
Erzähl'!

Jakobus.

Uns sendet, sprachen wir, Johannes;
Bist du, der kommen soll? — Wir sprachen's zitternd.
Er aber sah uns an mit Mild' und Hoheit.
Seht um euch her, begann er, Blinde sehen,
Die Lahmen gehn, die Tauben hören, Todte
Erstehn, den Armen wird das Wort der Freude
Verkündiget. — Wir sahen, hörten, glaubten.

Johannes.

O Heil dem Tage, wo ich Euch gesendet!
Gottlob! nun werd' ich Euch nicht Waisen lassen.

Andreas.

Rings drängte sich um ihn des Volkes Schaar
Und Hosianna! scholl in tausend Stimmen.
Er aber stand in Einfalt, still und freundlich.
So steht die Palm' im Glanz der Morgensonne.
Ein schlicht Gewand umhüllte seine Glieder.

Jakobus.

Man hört' im Volk' auch Deinen Namen, Meister.

Johannes.

O, Kinder, nennet mich hinfort nicht Meister!

Jakobus.

Er sprach zum Volk: Sagt, ginget ihr zum Jordan,
Judäer, dort ein wankend Rohr zu schauen,
Bewegt von Wind und Wirbel? Oder suchtet
Ihr einen Mann in weichen Kleidern? Solche
Sind in Pallästen. Oder gingt ihr, einen
Propheten dort zu sehn? Ihr sahet mehr.
Er ist's von dem geschrieben steht: Ich sende,
Dir deinen Weg zu bahnen, meinen Engel . .

Johannes.

Mein Herr und Gott! O schweigt! Es ist zu viel . . .

Jakobus.

Von allen Erdgebornen ist der größte
Johannes! sprach er . . .

Johannes.

Ja, als sein Verkünder
Und Herold! Aber größer ist, denn ich,
Der Kleinste seines Reichs.

Jakobus.

— „Er ist Elias!"

Johannes.

Ja, sein Elias! — Werd' ich auch die Bahn
Des Himmels, wie der Erde, vor ihm wandeln?
Es ist genug! Mein Herz vermag nicht mehr
Zu fassen.

Andreas.

Herrlich wird das Licht uns aufgehn,
Wenn er, die Kerker öffnend, die Gefangnen
Erlösen wird!

Johannes.

Erlösen wird er Sion!

Jakobus.

Zuerst den Herold.

Johannes.

Dieser ist schon frei!

Jakobus.

Wer Todte weckt, er sollte Dich verlassen?

Johannes.

Mein Tagewerk auf Erden ist vollbracht.
O täuscht nicht ferner Euer Herz, Ihr Lieben!
Verlaßt mich jetzt, und geht zur Stadt. Man möchte
Mißtrauisch Euch den Zutritt ganz verwehren.

Johannes Zibdai.

Verstatte mir zu bleiben, bis der hohe
Verheißne naht. Er zieht zum Feste
Auf dieser Straß'; es kann nicht lange währen.

Jakobus.

Wohlan, wir gehn und wollen seiner harren!

Die andern.

Triumph, dann soll er Dich, Rabbuni, lösen!

Johannes.

Ja wohl, sie naht — die Stunde der Erlösung —
So gehet denn, Ihr Lieben, Gott geleit' Euch! —

Sie gehen, außer Johannes Zibdai.

Du bleibst, mein Theurer! — Nun, so stärke Dich
Für eine Zukunft, die Dir Größeres
Enthüllen wird! — Du stehst an ihrer Schwelle,
Ein Kind — und fassest nicht die Gegenwart — —
Doch es umfleußt Dein Haupt ein Leuchten Gottes — —
Komm her, Du frommes Lamm mit Adlerschwingen,
Daß ich Dich segne! — Ja, Du wirst der Erde
Und auch des Himmels Höchstes schaun —

Johannes Z.

O, Meister!
Welch eine Red' ist das? Vermöcht' ich sie
Zu deuten? —

Johannes.

Auch Dein Name heißt Johannes —
In Dir wird er erfüllt.. Ich stand ihm ferne —
Du bist der Jonathan des Davidsohnes! —
Wer kommt? —— O siehe! Sulamith, Arete!

---

Sulamith. Arete, begleitet von Gideon.
Die Vorigen.

---

Arete.

Wir bringen Dir den Friedensgruß, Mann Gottes!
Sie, die durch uns ihn sendet, ist verklärt. —
Dein Name war ihr letztes Wort — da sank sie
Zurück an meine Brust — sie hat vollendet.

Sulamith weinend.

Mir aber ließ sie Thränen, Angst und Zagen. —
Ach möchte bald der Tod mich ihr vereinen.

Johannes.

O wohl den Todten, die dem Herren sterben!

Doch größer Heil noch denen, die da leben,
Und glaubend sehn! Das Himmelreich ist nah!
Der Seraph wird Jehovahs Thron verlassen,
Und ehrfurchtsvoll um Salems Palmen wandeln,
Des Lebens und des Todes Herrn zu schaun! —
Laß Deine Thränen! Bald erscheint der Tag
Des Herrn, sein Glanz besiegt des Todes Nächte,
Und aus den Gräbern strahlet Licht und Leben.

Arete.

Heil Dir, Johannes! Deinem Blick' entströmt
Erquickung; Dir verdank' ich Licht und Leben,
Und Freudigkeit zu Gott! — O, nimm mein Opfer,
Verstatte mir dies theure Haupt zu salben,
Und Dich zu weihn zu meinem Herrn und Meister . . .

Sie bricht das Gefäß und salbet sein Haupt, sinkt dann vor ihm auf die Kniee und spricht:

O weih' und segne mich, Rabbuni!

Sulamith

knieend und seine Füße umfassend.

Segne
Auch mich und nimm dies Opfer meiner Thränen.

Johannes.

Ihr irrt, Geliebte! — Nein, nicht mir gebührt
Die Huldigung des Einen. — Er nur ist
Das Licht der Welt, ich sein geringster Diener. —
Mich habet Ihr zum Tod' und Grab gesalbet — —

Doch weih' und tauf' ich Euch zum Reiche Gottes,
Mit Wasser;

Er nimmt eine Schaale und besprengt sie — auch Pollio und Gideon knieen mit auf die Brust gefalteten Händen.

Er wird Euch mit Feuer taufen.
Erhebet Euch! Sie stehn auf. Thut Buße, glaubt und folgt ihm!
Er ist der Weg, die Wahrheit und das Leben!
Ihm weih' ich Euch, als Eurem Herrn und Meister. —
Wohlan, verlässet mich und diesen Kerker!
Du, Pollio, geleitest sie zur Heimath.

Arete.

Wann werden wir Dich wiedersehn, Rabbuni?

Johannes.

Verlaßt die Todten, wendet Euch zum Leben!
Habt Dank für Eure Liebe — Gott geleit' Euch.

Sulamith.

Mein Gideon!

Sie umarmt ihn mit Inbrunst.

Gideon sie an sich drückend.

Ach, Sulamith —

Sulamith ängstlich.

Du bleibest?

Gideon.

Mich bindet meine Pflicht. — Was ist Dir, Liebe?

Sulamith.

Mir klopft mein Herz; wie zittert mein Gebein!

Gideon.

O fürchte nichts!

Sulamith.

Ich fürchte Deinen Tod!
Johannes Tod. — O rette! — Zu Johannes. Laß Dich retten!
Nach Hebron laßt uns ziehn! Laß nicht das Blut
Der Unschuld durch die Hand des Frevels fließen.
Ach rette Dich und meinen Gideon!

Arete.

Erbarme Dich, verlaß die schnöden Bande!
Soll der Gerechte denn die gift'ge Natter,
Die seinen Arm umschlingt, nicht von sich schleudern?

Sulamith.

Erbarme Dich! — Nicht Dir allein, Mann Gottes —
Du willst nicht, daß man Dich vor allen nenne —
Auch diesem Jüngling und dem armen Vater,
Der seines Sohns zu Hebron einsam harret,
Und uns nicht minder, droht der Bosheit Tücke — —
Du hast ein Herz voll Lieb' — ach, laß Dich retten! —
Und rett' auch uns — gen Hebron laß uns fliehen — —

Johannes, nach einer Pause.

Hört auf, Unmögliches von mir zu bitten —
Der Wahrheit strenger Ernst ward mir vertraut —
Den rauhen Weg muß ich der Liebe bahnen. —
Dem linden Säuseln geht der Sturm voran — —
Die Ceder fällt, eh sie den Tempel baut — —
Geliebte — laßt mich — geht — ich darf nicht wanken.

Arete.

Komm, Sulamith! Geweihte Schwester, komm!
Hat nicht der Heilige uns Gott verlobt?
Komm, Sulamith — wir sind des Himmels Bräute!

Ab. Pollio begleitet sie.

---

Johannes Baptista. Johannes Zibdai.
Gideon.

---

Johannes Z.

Beginnt das Himmelreich mit Schmerz und Thränen?

Johannes.

Mit Schmerz und Thränen! — Wenn ein Weib gebiert,
So hat sie Angst und Schmerzen; aber wenn
Das Kind geboren, dann gedenket sie
Der Angst nicht mehr; ein Mensch ist ihr geboren.

Johannes Z.

Du trägst den Schmerz; so harret Dein die Freude.

Johannes.

Erst die Geburt zum Licht durch kurze Pein.

Johannes Z.

Du wirst in seiner Herrlichkeit Ihn sehen.

Johannes.

Ich werd' Ihn sehn in seiner Herrlichkeit — —
Und Du in seiner Schmach das Gotteslamm,
Wenn es die Sünden trägt der Welt. An seiner Brust
Empfängst Du Kraft, das Opfer anzuschaun — —
Hier ist die erste Stufe zum Altar . . .

Johannes Z.

Wie fass' ich Dein prophetisch dunkles Wort? —

Johannes.

Du wirst . . . Bewahr' es, Lieber. Der das Höchste
Dir zugedacht, wird Raum und Kraft Dir geben,
Der Erde Kampf, des Himmels Sieg zu tragen.

Zwei Gallier von der Leibwache treten in das Gefängniß. Die Vorigen.

Gideon.

Zurück! was sucht Ihr hier?

Gallier.

Uns ward Befehl,
Des Meuters Huth zu schauen.

Gideon.

Buben, Ihr!
Zurück — — wo nicht ...

Zuckt sein Schwerdt, sie gehn — zu Johannes:

Hörst Du des Hofes Sprache? —
Vernahmest Du den Meuter? — Noch ist Zeit!
Man richtet Dich, bevor man Dich gehört ..

Johannes.

Laß, Gideon, Dein Schwerdt und Deinen Zorn!
Es sind nicht Gottes Waffen. Wer das Schwerdt
Nimmt, fällt durch's Schwerdt. Das Himmelreich ist
Friede.

Gideon am Eingange.

Dem Satansreich zuck' ich mein Schwerdt, so lang'
Ich's heben kann, und falle durch das Schwerdt.

---

## Pollio. Die Vorigen.

---

Gideon hält Pollio zurück.

Du kommst zu rechter Zeit. Man will ihn tödten —
Der Plan ist reif; nun rette! —

Pollio.

Wen?

Gideon.

Du frägst?
Der Dolch ist schon geschärft, das Netz gesponnen.

Pollio.

Der König hat sein Leben mir geschworen. —

Gideon.

Der König! und auch sie? — Vernimm, sie hat
Des tück'schen Gallievolkes rohe Schaar
Zum Mord' ersehn. Wer anders würd' es wagen,
Auf solch ein Haupt sein Schwerdt zu zucken? Diesen

Behaget Trug und Mord. — Geh und benutze
Des Königs Wort, die Wache zu verstärken —

Pollio.

Ich gehe; wo er sei, ich werd' ihn finden,
Mein Anblick soll sein Herz erschüttern, und
Wie Gottes Stimm' an seinen Eid ihn mahnen.
Er wird dem Frevel wehren — und wo nicht,
So ist mein Schwerdt mit Deinem.

Gideon.

Wenn nur Zeit ist — —

Pollio ab.

Des Königs Eid? — Mich graut — das Heiligste
Fürcht' ich, erscheinet hier, zu Hohn und Spott. —

## Pallast. Saal.

**Herodes Antipas** und **Herodias** auf Polstern unter einem Thronhimmel. Rings umher: Die **Hohenpriester, Malchas,** und mehrere königliche Diener und Frauen; in der Mitte **Salome**, als Thais, und der Grieche **Xanthus**, als Alexander, mit Fackeln in den Händen. Sie gehen unter rauschender Musik; die gallische Leibwache in griechischer Tracht, auch mit Fackeln. Die Musik schweigt; eine Sklavin, persisch gekleidet, nimmt Thais, und ein Sklave dem Alexander die Fackel aus den Händen. Die Wache zieht sich an den Eingang und in die Vorhallen des Saals zurück. Xanthus tritt auf die Seite hinter Salome; der König und alle andere stehen auf; Antipas gehet zu Salome und umarmt sie.

### Antipas.

O wunderschön! — Du himmlisch hohes Mädchen,
Wie hast Du mich entzückt! — Wo wär' ein Herz,
Das, kalt und todt, Dir Huldigung versagte! —

An die Versammlung:

Wie sollen wir der Zauberin es lohnen?

Malchas.

Bewund'rung fesselt jede Zung', o König!

Kaiphas.

Nie war mit solchem Alter solche Kunst,
Mit solcher Kunst nie solch ein Reiz vereinet.

Mehrere Stimmen.

Preis, Dank und Heil der edeln jungen Fürstin!

Salome.

Ein leichtes Farbenspiel! Gewandtheit ist
Sein ganzer Werth; es blüht und welkt zugleich —
Zu groß ist Euer Dank für solch' ein Scherz.

Antipas.

Nicht so, mein Kind! — Des Zephyrs Hauch verschwindet,
Die Blüthe welkt; doch jener bringt den Lenz,
Und diese zeugt des Sommers reiche Früchte.
Du hast nicht bloß den Feiertag, der heute
Des Reichs und Lebens ersten mir erneut —
Mein ganzes Leben hast Du mir verherrlicht.
Drum schwör' ich Dir bei meinem Leben, alles,
Was Du begehrst, und wär's des Reiches Hälfte,
Ist Dir gewährt; bei Gott, es soll Dir werden! — —
Zuvor empfang der Mutter Dank, und Labung,
Der du bedarfst — Dann, Thais, wähl' und fodre!

Er führt sie zur Mutter, die mit ihr abgeht.

Mehrere Stimmen.

Heil, Heil, dem König! Heil der Königin!
Der Fürstin Heil, die sie und uns erfreuet!

Trompeten.

Antipas zu Hannas und Kaiphas.

Ehrwürd'ge Väter, solch ein Abend tilgt
Die Sorgen vieler Tage ...

Hannas.

O so sei
Dir dieser Abend künft'ger Tage Vorbild!

Antipas.

Ach, wäre Fried' und Ruh' in Galiläa!

Hannas.

Wenn Du gebieteſt, fällt der Meuter Rotte.

Geräusch und Gedränge am Eingange.

Antipas.

Was ist?

Herodias.

Ein Freudenbote! laß' ihn reden!
Führt ihn herein!

Xanthus führt einen Krieger herein, der ein Schwerdt trägt.

Heil diesem Freudentage!
Verderben treffe die Verräther! — Rede!

Die Königin tritt ab.

Krieger.

Heil sei dem König! Hier ist Babas Schwerdt!
Ein heißer Tag. Schon wankten unsre Krieger,
Da kam uns Hülfe von Batanea —
Sie sind geschlagen, Babas ist gefallen,
Verderben folgt des Feindes flücht'gen Schaaren.

Xanthus.

Triumph dem König! Heil der Königin!
Der schönen Fürstin Heil! Heil unsern Kriegern!

Alle stimmen mit ein — unter Trompeten und Pauken —
Pause.

Antipas, vor sich.

Scheint dieser Abend nicht der Feierabend
Von allen angst = und sorgenvollen Tagen,
Die mir seit langer Zeit bis jetzt verschwanden? —
Doch kann ich noch dem schnellen Glück nicht trauen;
Ein täuschend Traumbild scheint mir noch die Freude . .

Die Vorigen. Salome zwischen Herodias und Zilla. Xanthus gesellt sich zu ihnen.

---

Herodias zu Antipas.

Die Tochter sage Dir, o mein Geliebter,
Der Mutter Glück und Wonn' an diesem Tage,
Dem schönsten, den die Götter uns verliehen.
Sie hat das Recht der Rede sich erworben.

Xanthus stellt sich hinter Salome.

Salome.

Zum schönen Ernst ist unser Spiel geworden —
Vollendet ist der Sieg, vollbracht die Rache.
So wandt' in süßes Spiel sich jede Sorge,
Die sich dem Thron des milden Herrschers naht.
Ihn schirmt der Sieg, die Freude muß ihn schmücken!

Antipas.

Nimm meinen Dank, geliebtes Kind, küßt sie und laß nun
Auch mein Gelübde mich erfüllen. Fodre,
Was ich versprach! Nur dann erst bin ich glücklich.

Salome.

Mein Wunsch ist leicht gewährt — ich bin beglückt,
Wenn ich des Königs, meines Vaters, Antlitz
Entwölkt und heiter seh'. Mir das zu sichern,
Erbitt' ich mir auf einer goldnen Schüssel
Johannes Haupt, des Meuters ...

Antipas bestürzt.

Du? das Haupt!

Xanthus redet heimlich zu Salome; Herodias winkt ihr.

Salome.

Johannes Haupt! —

Herodias zu Antipas.

Du siehst mich an! Es ist
Des Kindes eigne Wahl; ich stimm' ihr bei!
Dein und des Reiches Wohl erheischt des Frevlers
Gerechten Tod.

Antipas.

Ich — kann ihn nicht verdammen.

Herodias.

Wem sonst vertraute Gott das Richterschwerdt?

Antipas.

Er ist ein Schwärmer; dafür büßt er reichlich.

Herodias.

Und wär' er nichts als das, gilt Dir ein Schwärmer
Mehr als Dein halbes Reich und als Dein Eidschwur?

Mehrere Stimmen.

Er ist des Todes schuldig! ein Verräther!
Ein Volksempörer! Weg mit ihm, zum Tode!

Herodias zu Zilla.

Sieh, Zilla, wie des Tanzes rascher Schwung
Des Mägdleins Blumenkranz und Haar verwirrte!
So eil' und ordne schnell, wie sich gebührt.

Zilla und Salome ab.

Antipas zu den Hohenpriestern.

Ehrwürd'ge Väter, sagt mir Eure Meinung!

Hannas.

Ist schon das schlichte Wort des Fürsten heilig,
Vielmehr des Fürsten Eid.

Antipas.

Das Volk verehrt ihn ..

Hannas.

So tritt — das folgt daraus, verzeih', o König —
Dem Volke Kron' und Zepter ab; wo nicht,
So herrsch' und halte Thron und Eid! —

Antipas.

Es sei! —

Marcus! —

Xanthus.

Ihm starb sein Weib; des Königs Huld
Verstatte mir, der Wache den Befehl
Der hohen Majestät zu überbringen.
So werd' auch mir ein Theil des schönen Lohns,
Mit Salome für Thron und Recht zu wirken..

Antipas.

Es sei! — Fürwahr, ein unerwartet Ende
Nimmt Euer Tanz...

Antipas geht in heftiger Bewegung umher, zu ihm gesellen sich die Hohenpriester.

Herodias zu Xanthus.

Vollbring' es schnell, mein Theurer,
Dir blüht ein andrer Lohn für Deine Treue. —
Die Galliernwache harret Deines Winks.

Xanthus ab.

Herodias vor sich.

Die Rach' ist mein! so spricht der Judengott.
Wohl hat er Recht, die Rach' ist Götterwonne..
Ha, hätt' ich schon des frechen Träumers Haupt!
Heraus will ich die Lästerzung' ihm reißen,
Und dann mit tausend Stichen sie durchbohren. — —
Vorher noch gilt's, des Mädchens Sinn zu stärken,

Beschämen soll ihr Muth den feigen König! — —
Ihn selber wird die rasche That gereun,
Des Schwätzers Bild, wie ein Gespenst, ihn schrecken . . .
Dagegen hilft ein heimliches Gelüst — —
Den Schwachen hebt des Mädchens Kunst und Kosen —
So soll im hellen Licht die That erscheinen!
Der Feigling flieht den Tag und sucht das Dunkel. —
Ich mag die Hälfte nicht, das Ganze will ich.

Ab in das Nebenzimmer.

---

Pollio mit zwei Kriegern. Die Vorigen.

---

Pollio tritt zu Antipas.

Noch bin ich hier! Dein Wort und Dein Gewissen
Zu retten, blieb ich. — Höre mich! Man sagt,
Es sei ein Anschlag auf Johannes Leben.
Ich muß es fürchten, darum tret' ich frei
Hervor und mahne Dich an Dein Versprechen.

Mehrere Stimmen.

Welch ein vermeß'ner Trotz!

Antipas.

Wie, Du erkühnst Dich . . .

Pollio.

Ich wage nur mein Leben, das ich oft

Für Dich gewagt, für eine heil'ge Sache.
Du kannst mich tödten, aber nimmer kannst Du
Dein Wort, das Du mir gabst, zurücke nehmen.
Ich fodr' es jetzt von Dir im Namen Gottes.
An diesem Worte hängt Dein Heil und Leben . .

Antipas.

Es ist zu spät! — Geht, ruft sie! Laßt mich selbst
Ihn hören — richten . .

Pollio.

O, das wolle Gott
Verhüten! — Wie? Zu spät? — O eilet, rettet
Des edeln Mannes Leben! Fluch und Jammer
Bedroht das Land, mit solchem Blut beflecket.

Antipas bestürzt.

Auf! eilt, gebietet Stillestand bis morgen!

Getöse und Murren.

Hannas zu Kaiphas.

Ein schöner Held! Gott Jakobs, welch ein Schilo. —
Bald wird es Zeit; bereite Dich zum Aufbruch.

Herodias. Salome. Zilla.
Die Vorigen.

---

Herodias.

Welch ein Getöse! *Sie erblickt Pollio.* Wie! Du hier,
Verräther?

Pollio *stolz und kalt.*

Verräther nennst Du mich?

Herodias.

Ist Dein Beruf,
Hier zu verweilen? Hast Du nicht Befehl,
Dem Heer zu folgen?

Pollio.

Wo ist Euer Heer?
Geschlagen ist es; Babas rückt heran.

Herodias.

Vermaledeiter Lügner! — *Zu Antipas.* Laß den Buben
Ergreifen, Antipas! — Ergreift ihn, Wache!

Antipas.

Laßt noch! Ihm soll sein Recht geschehen. Sprich!

Pollio.

Ob ich ein Lügner sei, laßt diese reden!
Sie kommen von Herodeon.

Herodias.

Verrath
Und Tücke sind es! Leihet mein Gemahl
Dem Lug und Trug sein königlich Gehör?

Antipas.

Um desto sichrer trifft sein Haupt die Strafe.

Krieger.

Philippus Heer, des Gauloniters, kam
Dem unsrigen, so gab es vor, zu Hülfe.
Die Schlacht begann; da wandt' es sich, die Unsern
Entflohn, der beste fiel durch Schwerdtes Schärfe,
Der Sieger Babas rückt auf unsre Vesten.

Herodias.

Du lügest, Feigling! Wärst Du nicht entflohn,
Du hättest auch gesehn, was wir schon wissen.
Zeigt Eure Wunden, daß sie für Euch zeugen. —
Die feigen Lügner! Nehmt sie in Verhaft!
Bald wird auch diesen Trug die Wahrheit strafen. —
Der Freudentag muß zum Gerichtstag werden,
Damit des Herrschers Thron sich fester gründe!

Geräusch und Trompetenklang in den Hallen des Pallastes.

Mehrere Stimmen
in der Ferne, dem Saal sich nahend.

Dem König Heil! Verderben den Verräthern!

Die gallische Leibwache tritt an den Eingang des Saals; voran Xanthus; ihm folgt ein Trabant und trägt die Schüssel mit Johannes Haupt, mit einem Tuch bedeckt. Der Trabant will dem König knieend die Schüssel überreichen; er winkt ihm auf die Seite, und wendet sich weg; Xanthus weiset den Trabanten in eine Ecke des Saals.

Mehrere Stimmen.

Dem König Heil! der Königin! der Fürstin!
Tod und Verderben Feinden und Verräthern.

Antipas bestürzt.

Es war zu spät!

Pollio sich vordrängend.

Was ist? O Gott im Himmel!
Johannes Haupt! — Fließt, strömt ihr heißen Thränen!
O du Gerechter, edelster der Menschen!
Ach, warum mußt' auch ich von dir mich trennen!
Du starbst, ich lebe. — Nehmt dies Schwerdt und gebt mir
Sein blutend Haupt! Es ist ein heilig Haupt.

Herodias.

Vernehmt den Schwärmer! seht den Volksempörer!
Hinweg mit ihm, dem Narren!

Die Vorigen. Sulamith, mit wildem Blick und zerstreuten Haaren, tritt plötzlich in den Saal. Hinter ihr Arete und Marcus; in der Ferne Herodes Philippus.

Salome.

Gott, was ist!
Ein neuer Jammer! Ach, wo wird es enden!

Sulamith.

Ihr harte Menschen! oh, ihr harte Menschen!
Ihr böse Menschen! Ach, was hat Euch denn
Mein Gideon gethan? — Ihr blut'ge Menschen!
Unschuldig frommes Blut habt Ihr vergossen.
Ihr habet mir den Bräutigam erschlagen.
Wir wollen ja gen Hebron ziehn. O gebet
Mir ihn zurück! Komm, Gideon, gen Hebron!
Die Mutter tragen wir. Wo bist du, Nathan?

Sie lehnt sich an Arete.

Antipas.

Welch ein Gewirr! Was soll das? Rede, Marcus.

Marcus.

Es ist mein einzig Kind, mein Herr und König.
Ihr Bräutigam stand an des Kerkers Thor,
Da kam die rauhe Schaar mit Mordgedanken,
Und foderte Johannes Haupt; er sprach:
Es kann nicht seyn, zeigt mir des Königs Willen.
Sie drangen auf ihn ein, und dreimal wies
Er sie zurück, da fiel er. Auf der Schwelle
Liegt sein entseelter Leib. Hier seht die Braut,
Und weinet blut'ge Thränen. — Nehmt die Schlüsse!
Des Todes selbst; ich bin nun matt und müde.

Legt Schlüssel und Schwerdt auf die Erde und weint.

Antipas.

Gott, welch ein Tag! Auch Gideon sein Opfer!

Er geht unruhig umher.

Sulamith.

Hier ist es schwul und feucht; o kommt nach Mamre!
Da wehn die Lüfte mild und kühl, da gehen
Die Lämmer, weiß wie Schnee, und essen Kräuter.
In Hebron wohnt der liebe Vater einsam.
Komm, Sulamith, komm, vielgeliebte Tochter!
Ach, laßt ihn los; er that Euch ja kein Leides.
Nun ist er frei! — Kommt eilig, kommt gen Hebron!

Sie ordnet ihre Haare und Kleidung.

Herodias.

Schafft sie hinweg! geschwind!

Salome.

Barmherz'ger Gott!
Was hab' ich angestiftet! — — Fort den Kranz
Aus meinem Haar! — — Es klebet Blut daran!
Fort mit den Perlen! — bittre Thränen sind es!
Hinweg! —

Sie reißt die Blumen und Perlen aus den Haaren und wirft sie zur Erde. Zilla rafft sie auf.

Zilla.

O wehe, was wird's werden!

Herodias zürnend.

Zilla,
Hinaus mit ihr! — Elende Weiberseelen!

Sulamith.

Ich bin bereit; so kommt und laßt uns eilen! —
Sagt, habt Ihr meinen Bräutigam gesehn?

Arete.

Komm, Sulamith, ich bin Dein Bräutigam.
Verwaistes Lamm, ich will Dich treulich leiten.

Herodias.

Verstellung! — Zu Sulamith. Geh und folg' dem zweiten Buhlen!

Zu Marcus.

Du schaffst sie fort! — Ihr Pöbelvolk am Hofe!

Arete mit Ruhe und Würde.

Ein Pöbelvolk? — Wohlan, vernimm die Wahrheit!
Sieh' und erkenn' in mir die Königin! —
Ich bin Arete. — — Eures Hofes Glanz
Beneid' ich nicht. — Dir, Antipas, verzeih' ich —
Die schwere Blutschuld mag Euch Gott vergeben!

Zu Sulamith.

Komm, Sulamith, gebrochnes Herz, gen Hebron!

Herodias zu den Hohenpriestern.

Ehrwürd'ge Väter, traut Ihr dieser Posse?

Antipas.

Bei Gott, Arete!

Hannas zu Kaiphas.

Komm, wir gehn. Dem Priester
Geziemet nicht das Weltliche zu richten.

Hohenpriester ab.

Herodias zur Wache.

Greift die Empörer! Fasset den Vermummten,
Der sich erkühnt, der Majestät zu höhnen.

Die Wache will Arete greifen; Sulamith tritt hervor und reißt einem Trabanten das Schwerdt aus der Scheide, stellt sich dann vor Arete mit emporgehobenem Schwerdt; die Wache stutzt.

Sulamith.

Arete Ihr! Ha, kommt, Ihr feigen Mörder!

Seht Gottes Schwerdt! Seht Jonathan und David!
Heran und wagt Jehovahs Bund zu trennen!

Herodias heftig.

Ergreift und packt sie!

Antipas
den Arm gegen die Wache.

Laßt!

Herodias.

Todt oder lebend!

Die Wache will zugreifen.

Pollio sein Schwerdt erhebend.

Wer wagt's, Elende! Weicht zurück! Berührt
Mit frecher Faust die Unschuld, und Ihr sterbet.

Philippus
tritt hervor mit entblößtem Schwerdt; während er redet, drangen sich Bürger und Soldaten in den Saal.

Hier noch ein Schwerdt! ein doppeltes! — Verweilt,
Erst soll mein Wort des Weibes Herz zermalmen.
Kennst Du mich, Natter, Ehebrecherin!
Du wähnst, erstarret sei der Wahrheit Zunge!
Du Mörderin — Ha! seh' ich Dich erblassen? —
Erkennst Du mich? — Jetzt zittre, Rabenmutter!
Wo ist mein Kind? — Ihr reinjungfräulich Herz

Hast Du mit Blut, das auf gen Himmel schreit,
Befleckt, der Unschuld holden Tag in Nacht
Und Tod verwandelt — meines Lebens Leben
Hast Du geschändet, und Dein Schlangenhauch
Vergiftet mir die heil'ge Vaterliebe . . .
Bald wird des Himmels Fluch Dich schrecklich treffen,
Der Rache Gottes wirst Du nicht entfliehn.
Thronräuberin, Dein Thron wird Dich zermalmen.
Gedenke mein! — — — Fort aus der Tigerhöhle!
Zurück! macht Bahn, Ihr niedern Sklavenknechte.

Die Wache tritt zurück; Getöse und Murren; Pollio, Philippus, Arete, Sulamith, Marcus ab.

Antipas vor sich.

O wehe mir! ich seh' der Rache Geister.

Herodias zu Antipas zürnend.

Sieh, solches darf der freche Trotz Dir bieten!
Du bist nicht werth, das Diadem zu tragen.
Dein Sklavensinn macht Dich zum Sklavenspott.
Fortan will ich das Schwerdt und Zepter führen.
Dem Muthigen gehört die Herrscherkrone.

Antipas.

Was Kron' und Zepter? — Blutschuld — Rachegeister!
Unschuldig Blut . . . Geräusch. O wehe mir! — Was ist? —
Was naht? — — Er erblickt Malchas. Komm, Malchas,
alter Freund, verkünde
Erfreuliches! Was will das Volk denn? Rede!

Mehrere Krieger mit Bürgern untermischt, und fürstliche Diener drängen sich in den Saal.

Malchas.

Mein Fürst erschrecke nicht. Man spricht, es komme
Von fern ein Schwarm, und Babas rücke näher,
Zersprengte Reuter brächten solche Botschaft.

Antipas.

O Gott, so folget schon der Schuld die Strafe.

Zu Herodias.

Was sagst Du? Sprich, ist's wieder Trug und Täuschung?
Was, Babas Schwerdt! Wie hat man mich betrogen! —

Herodias.

Und wär' auch unser Heer zersprengt, doch kann
Der Feind nicht nah'n, hätt' er auch Adlersflügel.
Es ist nicht wahr; die Feigheit schafft das Schrecken.
Und kommt der Feind, Macháron darf ihm trotzen.
Hier ist Herodes Siegesschwerdt, des Großen.

Ein Krieger.

Auch Rufus fiel . . .

Zilla stürzt herein.

Was sagst Du, Rufus fiel.
Du lügst!

Krieger.

Er fiel, vom Hinterhalt erschlagen,
Mit seiner Schaar.

Zilla.

O wehe! Rufus — Fürstin,
Versprachst Du nicht . . .

Herodias.

Geh, Närrin, Eurer Possen
Bin ich nun übersatt. — Zilla jammernd ab. Bin ich allein
Ein Mann, Ihr all' in Weiber umgewandelt!
Auf! rüstet Euch zum Kampf!

Man hört aus der Ferne Gesang.

Antipas in heftiger Bewegung.

Bei Gott, sie nahen!
Die Morgenröthe bringt uns Blut und Flammen.
Versperrt die Thore! eilet! . . Bleibe, Malchas! —

Ein Bote tritt zu Antipas.

Was bringst Du, guter Freund?

Bote.

Der Nazarener
Zeucht vor der Burg zum Passahfest gen Juda.
Aus allen Landen strömt des Volkes Menge
Auf seinen Weg, und tausend folgen ihm
Frohlockend und lobsingend.

Herodias.

Ha, vernehmet Ihr's?
Seht Babas und sein Heer! — So lacht und spottet

Doch Eurer feigen Angst! Von Schwärmern wimmelt
Die Welt und unsre Burg. Seid klug und fröhlich!

Malchas.

Sie ziehn vorbei; ein Wald von Zweigen füllt
Die Luft.

Bote.

Das Volk trägt vor ihm Palmenzweige
Und streut sie auf den Weg, wie einem König.

Chorgesang aus der Ferne.

Hosianna, der da kommt in Jehovahs Namen!
Hosianna in der Höh! Hosianna! Hallelujah! —

Antipas.

Allmächt'ger Gott —— was will das alles werden —
Zu dem Boten.
Sprich, sahst Du ihn? Wie war des Mannes Wesen?

Bote.

Ich sah ihn selber nicht, doch hört' ich, eigen
Sei alles, Gang und Blick — sein Wort gewaltig —
Er spricht und Blinde sehen, Taube hören,
Und Todt' erstehn; man sagt, er sei Elias,
Wo nicht, doch ein Prophet aus alter Zeit.

Herodias.

Ein Narr, wie Du, und tausend andre Narren.
Geh und geselle Dich zu Deines gleichen.

Bote ab.

Chorgesang näher.

Hosianna, hochgelobt sei Gott Jehovah!
Er neigt sein Angesicht zu seinem Volke.
Der Herr ist freundlich! Preiset seinen Namen!

Antipas.

O wehe — helft — verberget mich! — —

Herodias.

Was ist?

Antipas.

Ist's nicht Johannes — — sprecht, Ihr Hohenpriester —

Malchas.

Es ist der Mann von Nazareth, mein König.

Antipas.

Johannes ist's, den ich enthauptet habe —
Sagt, war's Johannes Haupt, das man mir brachte —
Nein — ich versprach — sein Leben — stille! — horcht! —

Chorgesang aus der Ferne.

Gelobt sei der da kommt in Jovahs Namen!

Antipas.

Johannes ist's — vernahmt Ihr seine Stimme —
O wehe mir! — er ist vom Tod' erstanden!

Malchas.

Es ist des Volkes Festgesang, mein König.

Herodias.

Sorgt, führt den König in sein Schlafgemach . .

Zwei Diener führen ihn; er blickt ängstlich nach dem Fenster.

Antipas.

Johannes — ha, er kommt — was soll ich sagen —
Sein Blut — o wehe mir — sein blasses Haupt —
Es ist nicht recht — nicht recht — o wehe! wehe! —

Herodias.

Führt ihn hinweg und macht dem Spiel ein Ende!

Malchas.

Ist das ein Königsfest — — O Gott erbarme!

Chorgesang aus weiter Ferne.

Hosianna ihm, der kommt in Jehovahs Namen!
Hosianna in der Höh! Hosianna! Hallelujah!

# Verbesserungen.

Seite 5 Z. 3 v. u. statt still, lies stille,
— 15 Z. 15 v. u. statt schwimmet l. schwimmt
— 18 Z. 7 v. u. l. Mein Herz sagt Amen!
— 27 Z. 10 v. u. statt lebt l. lebet!
— 40 Z. 9 st. die Konigstochter l. du Königstochter
— 55 Z. 13 v. u. st. im Morgenroth l. wie Morgenroth
— 89 Z. 6 v. u. st. Er wird l. Es wird
— 102 Z. 12 v. u. st. die aus Neugier ihn l. die aus Neubegier
— 187 Z. 1 st. erscheinet l. erscheint
— 107 Z. 1 v. u. st. weilet l. weilt
— 215 Z. 6 v. u. st. steig l. stieg

FSC
www.fsc.org
MIX
Papier | Fördert gute Waldnutzung
FSC® C083411

Kolibri 360 GmbH
Ferdinand-Jühlke-Straße 7
99095 Erfurt, Deutschland
produktsicherheit@kolibri360.de